Berichte aus dem
Institut für Umformtechnik
der Universität Stuttgart
Herausgeber: Prof. Dr.-Ing. K. Lange

53

Jobst-H. Kerspe

Abstreckgleitziehen von nichtrostenden austenitischen Stählen

Mit 36 Abbildungen

Springer-Verlag
Berlin Heidelberg New York 1980

Dipl.-Ing. Jobst-H. Kerspe
Institut für Umformtechnik
Universität Stuttgart

Dr.-Ing. Kurt Lange
o. Professor an der Universität Stuttgart
Institut für Umformtechnik

ISBN 978-3-540-09882-9 ISBN 978-3-642-52208-6 (eBook)
DOI 10.1007/978-3-642-52208-6

2362/3020—543210

GELEITWORT DES HERAUSGEBERS

Die Umformtechnik zeichnet sich durch sehr gute Werkstoffauswertung und hohe Mengenleistung in der Serienfertigung gegenüber anderen Fertigungsverfahren aus, wobei Beibehaltung der Masse, Änderung der Festigkeitseigenschaften während eines Vorgangs und elastische Rückfederung der Werkstücke nach einem Vorgang wesentliche Merkmale sind. Weiter sind die benötigten Kräfte, Arbeiten und Leistungen sehr viel größer als z.B. bei spanenden Verfahren. Die sichere Beherrschung eines Verfahrens in der industriellen Fertigung und die zunehmende Forderung nach Vermeidung bzw. Minimierung spanender Nacharbeit erzwingen die geschlossene Betrachtung des Systems "Umformende Fertigung" unter zentraler Berücksichtigung plastizitätstheoretischer, werkstoffkundlicher und tribologischer Grundlagen.

Das Institut für Umformtechnik der Universität Stuttgart stellt entsprechend Forschung und Entwicklung zum einen auf die Erarbeitung von Grundlagenwissen in diesen Bereichen ab, zum anderen untersucht und entwickelt es Verfahren unter Anwendung spezieller Meßtechniken mit dem Ziel einer genauen quantitativen Ermittlung des Einflusses der Parameter von Vorgang, Werkstoff, Werkzeug und Maschine. Die Behandlung von Problemen des Maschinenverhaltens, der Maschinenkonstruktion sowie der Werkzeugauslegung und -beanspruchung, der Auswahl hochbeanspruchbarer, verschleißfester Werkzeugbaustoffe und schließlich der Tribologie gehört entsprechend ebenfalls zum Arbeitsgebiet, das durch die Erfassung organisatorischer und betriebswirtschaftlicher Fragen abgerundet wird.

Im Rahmen der "Berichte aus dem Institut für Umformtechnik" erscheinen in zwangloser Folge jährlich mehrere Bände, in denen über einzelne Themen ausführlich berichtet wird. Dabei handelt es sich vornehmlich um Abschlußberichte von Forschungsvorhaben, Dissertationen, aber gelegentlich auch um andere Texte. Diese Berichte sollen den in der Praxis stehenden Ingenieuren und Wissenschaftlern zur Weiterbildung dienen und eine Hilfe bei der Lösung umformtechnischer Aufgaben sein. Für die Studierenden bieten sie die Möglichkeit zur Vertiefung der Kenntnisse. Die seit zwei Jahrzehnten bewährte freundschaftliche Zusammenarbeit mit dem Springer-Verlag sehe ich als beste Voraussetzung für das Gelingen dieses Vorhabens an.

Kurt Lange

Vorwort

Die vorliegende Arbeit ist während meiner Tätigkeit als wissenschaftlicher Mitarbeiter am Institut für Umformtechnik der Universität Stuttgart entstanden.

Mein besonderer Dank gilt Herrn Prof. Dr.-Ing. K. Lange für seine Unterstützung und die Anregung bei der Anfertigung dieser Arbeit.

Ebenfalls danken möchte ich den Mitarbeitern des Instituts für Umformtechnik, die mich beim experimentellen Teil der Arbeit sowie bei der Durchsicht des Manuskripts unterstützt haben.

Die finanzielle Förderung der Arbeit geschah durch die Deutsche Forschungsgesellschaft für Blechverarbeitung und Oberflächenbehandlung e.V. mit Mitteln des Bundesministeriums für Wirtschaft über die Arbeitsgemeinschaft Industrieller Forschungsvereinigung e.V.

Stuttgart, Januar 1980 Jobst H.Kerspe

Inhaltsverzeichnis

Seite

Schrifttum

[1] Zeller, R.: Änderung der Werkstoffeigenschaften beim Ziehen von zylindrischen Hohlkörpern aus austenitischen nichtrostenden Stählen. Berichte aus dem Institut für Umformtechnik, Universität Stuttgart, Nr. 42, Esse: Girardet 1976.

[2] Eichelmann, Gr. H., Hull, F. C.: The Effect of Composition on the Temperature of Spontaneous Transformation of Austenite to Martensite in 18-8 Typ Stainless Steel. Transaction of the ASME 45 (1953), S. 77 - 104.

[3] Materna, D.: Auswirkungen des Austenitzerfalls auf die Fließkurve instabiler austenitischer Werkstoffe. Dr.-Ing.-Diss. TU Berlin 67.

[4] Schuhmann, H., v. Fircks, H. J.: Die martensitischen Umwandlungen von kohlenstoffarmen austentischen Chrom-Nickel-Stählen. Archiv Eisenhüttenwesen 40 (1969) S. 561 - 568.

[5] Schuhmann, H.: Einfluß von Spannungen und Deformationen auf die martensitische Gitterumwandlung kubisch-flächenzentriert ⟶ hexagonal. Neue Hütte 19 (1974) S. 492 - 497 u. S. 667 - 670).

[6] Engl.B.: Einfluß der Verformung des instabilen Austenits auf die Gefügeausbildung und die Zähigkeit legierter Werkzeugstähle. Dr.-Ing.-Diss. TU Aachen.

[7] Korhonen, A. S.: Work-hardening and formability of austenitic stainless steel-sheets. Sheet Metal Industries May 78, S. 598 - 600, 602, 605 - 606.

[8] Küppers, W. Schmidt W.: Beurteilung der Kaltverfestigung und ihrer Auswirkung auf das Umformverhalten austenitischer nichtrostender Feinbleche. Bänder Bleche Rohre 6 (77) S. 268.

[9] Küppers, W.: Beitrag zur wirtschaftlichen Formgebung von nichtrostenden Feinblechen. Blech Rohre Profile 28 (1978) Nr. 10, S. 453 - 461.

[10] Mülders, H.: Zum Umformverhalten kaltgeformter nichtrostender Bleche. Bänder Bleche Rohre 8 (1977) S. 349 ff.

[11] Ohnishi, Ishizaka: Einfluß der Temperatur und der Umformgeschwindigkeit auf das Zugverformungsverhalten austenitischer Stähle. Tetsu to Hagane 63 (1977) Nr. 14, S. 2362 - 2371.

[12] Suzuki: Eine experimentelle Untersuchung der Keimbildung und des Wachstums von Martensit in nichtrostendem Stahl mit 18 % Cr und 8 % Ni. Acta Metallurgica 25 (1977) Nr. 10, S. 1151 - 1162.

[13] Sodeik, M.: Fressen durch Kaltschweißvorgänge beim Tiefziehen und Abstrecken von Stahlblech. DGM-Tagung 1976.

[14] Maedows, L.D.: The Limits to Growth. New York: Universe Books 1972.

[15] Tangen, H.: Die Sicherung der Rohstoffversorgung aus der Sicht des Maschinenbaus. Forschungshefte des Forschungs-Kuratoriums Maschinenbau (1976) 50.

[16] Oberländer, K.: Geringeres Kaltverschweißen beim Umformen nichtrostender austenitischer Edelstähle. DGM-Tagung 1976.

[17] Knappwost, A., Burkhard, E.: Die Mischreibung als physikalisch-chemisches Festkörperproblem. Z. Metallkunde 50 (1959) Nr. 9, S. 540 - 545.

[18] Kloss, K. H.: Tribologische Vorgänge unter Mischreibung dargestellt an Beispielen. Maschinenmarkt 83 (1977) Nr. 84, S. 1654 - 1661.

[19] Bowden, F. B., Tabor, D.: The Friction and Lubrication of Solids. Oxford University Press (1953).

[20] Feller, H. G.: Verschleiß metallischer Oberflächen. Technica 23 (1970) S. 2183 - 2196.

[21] Hartweck. W., Die metallische Adhäsion und ihre Einflußgrößen. Stahl und Eisen 97 (1977) Nr. 13.

[22] Wiegand, H., Kloos, K. H., Müller, K.: Einfluß der Reibungspartner auf die Festkörperberührung in der Kaltformgebung. Stahl und Eisen 81 (1961) Nr. 14, S. 924 - 933.

[23] Habig, K.-H., Kirschke, K., Maenning, W., Tischer, H.: Festkörpergleitreibung und Verschleiß von Eisen, Kobalt, Kupfer, Silber, Magnesium und Aluminium in einem Sauerstoff-Stickstoff-Gemisch zwischen 760 und 2 x 10^{-7} Torr.wear 22 (1972) S. 373 - 398.

[24] Dumpleto, J. H., Dauthett, J.A.: The unlubricated adhesive wear resistance of metastable austenit stainless steels containing silicon, wear 42 (1977) S. 305 - 332.

[25] Czichos, H.: Systemanalyse und Physik tribologischer Vorgänge Teil 2. Schmiertechnik + Tribologie 23 (1976) Nr. 1, S. 6 - 12.

[26] Habig, K.-H.: Möglichkeiten der Modell-Verschlleißprüfung. Materialprüfung 17 (1975) Nr. 10, S. 358-365.

[27] Heinke, H.: Verschleiß - eine Systemeigenschaft. Auswirkungen auf die Verschleißprüfung. Z. f. Werkstofftechnik 6 (1975) Nr. 5, S. 164 - 169.

[28] Rigney, D. A., Hirth, J. P.: Plastische Verformung und Gleitreibung bei Metallen. wear 53 (1979) Nr. 2 S. 345 - 370.

[29] Kawai, N., Nakamura, T., Iwata, M.: The Frictional Mechanism on the Surface of Metal Being Plastically Deformed by Drawing. Transactions of the ASME Febr. 77 S. 242 - 248.

[30] Pawelski, O.: Ein neues Gerät zum Messen des Reibungswertes bei plastischen Formänderungen. Stahl und Eisen 84 (1964) Nr. 20, S. 1233 - 1243.

[31] Schlosser, D.: Werkzeugwerkstoffe zum Umformen von nichtrostendem austenitischem Stahlblech. Bänder Bleche Rohre 1976 Nr. 3, S. 97 - 102.

[32] Schlosser, D.: Beeinflussung der Reibung beim Streifenziehen von austenitischem Blech: verschiedene Schmierstoffe und Werkzeuge aus gesinterten Hartstoffen. Bänder Bleche Rohre (1975) Nr. 7/8, S.302-306.

[33] Funke, P., Schlemper, C.-A.: Eignungsprüfung von Schmierstoffen für das Tiefziehen von kohlenstoffarmen und rostbeständigen Blechen. Schlußbericht aus dem Institut für Verformungskunde und Walzwerkwesen TU Clausthal 1976.

[34] Kudo, H., Tanaka, S., Imamura, K., Suzuki, K.: Investigation of Cold Forming Friction and Lubrication with a Sheet Drawing Test. Anals of the CIRP Vol.25/1 (1976) S. 179 - 184.

[35] Pawelski, O.: Gelöste und ungelöste tribologische Probleme in der Umformtechnik. Schmiertechnik + Tribologie 25 (1978) Nr. 4 S. 137 - 140.

[36] Matveevskij, R. M., Bujanovskij, I.A.: Einfluß der chemischen Zusammensetzung des Stahles auf die Wirksamkeit von Schmierstoffzusätzen bei Reibung. Schmierungstechnik 2 (1976) S. 45 ff.

[37] Salomon, T.: Neue Erkenntnisse über die Rolle des Schmierfilms zur Verhütung von Maschinenschäden. Schmiertechnik + Tribologie 24 (1977) Nr. 5 S. 114-117.

[38] Schulz, D.: Eignung verschiedener Schmiermittel zum Tiefziehen nichtrostender Stähle bei Verwendung von Werkzeugstahl - und Bronzewerkzeugen. Blech Rohre Profile (1971) Nr. 4, S. 135 - 140.

[39] Knappwost, A.: Die Rolle tribochemischer Reaktionen bei Reibungs- und Verschleißvorgängen.

[40] Liedtke, D.: Möglichkeiten zur Verbesserung des Verschleißverhaltens von Bauteilen und Werkzeugen aus Eisenwerkstoffen durch Wärmebehandlung. Schmiertechnik+ Tribologie 24 (1977) Nr. 3, S. 64 - 69.

[41] Ebersbach, Mey, Ullrich: Oberflächenveredelung von Umformwerkzeugen durch Dampfphasenprozesse. Fertigungstechnik + Betrieb 5 (1979) S. 281.

[42] Oldewurtel, A.: Leistungssteigerung von Werkzeugen und Bauteilen durch Hartstoffbeschichtung nach dem CVD-Verfahren. Bänder Bleche Rohre (1978) Nr. 2, S. 83 - 86.

[43] Wiegand, H., Ruppert, W.: Einige Eigenschaften der Werkstoffkombination Stahl mit Titancarbidüberzug. Metalloberfläche 14 (1960) Nr. 8, S. 229 - 235.

[44] Benninghoff, H., Zickler, H.: Standmengenerhöhung von Stanzwerkzeugen. Techn. Rundschau 22 (1977) S. 17, 19, 21.

[45] Frehn, F.: Sinterhartstoffe auf Stahlbasis. VDI-Berichte Nr. 194 (1973) S. 109 - 111.

[46] Oehler, Gerhard: Verwendung von Mehrstoff-Aluminium-Bronzen im Werkzeugbau für die Blechumformung. Ind.-Anz. 93 (1971) Nr. 84, S. 2080 - 2084.

[47] Rudolph, H.: Berechnung armierter Umformmatrizen. Umformtechnik 17 (1967) Nr.11, S. 653 - 657.

[48] Schulz, E.: Berechnung von vorgespannten Preßwerkzeugen für das Kaltumformen von Stahl. Draht 16 (1965) Nr. 8, S. 546 - 557.

[49] Krämer, G.: Beitrag zur beanspruchungsgerechten Auslegung von rotationssymmetrischen Fließmeßmatrizen. Bericht aus dem Institut für Umformtechnik Nr. 49 Universität Stuttgart, Essen: Girardet 1979.

[50] Shawki, G. S. A.: Optimum design of ironing dies. Sheet metal industries, Sept. 70, S. 855 - 863.

[51] Irving, C. D./ Cotterill, P.: Redundant work in strip drawing. Metals Technology May 75, S. 229 - 235.

[52] Scheven, E. Fr., Keller, K.: Abstrecken von 18/8-Chrom-Nickel-Stahl. Mitteilungen der Forschungsgesellschaft Blechverarbeitung 17 (1959) S. 221 - 224.

[53] N. N.: Evaluation of steel galling and surface finish. Sheet Metal Industries 1977, S. 147 - 153.

[54] Arnell, R. D., Herod, A. P., Teer, D. G.: The effect of combined stresses on the transition from mild to severe wear. wear 31 (1975) S. 237 - 242.

[55] Busch, R. K.: Untersuchungen über das Abstreckziehen von zylindrischen Hohlkörpern bei Raumtemperatur. Berichte aus dem Institut für Umformtechnik Universität Stuttgart Nr. 10, Essen: Girardet 1969.

Verzeichnis der wichtigsten verwendeten Abkürzungen

M_s	Martensit-Start-Temperatur
M_{d30}	Temperatur, bei der durch 30 %ige Umformung 50 Vol.-% Martensit gebildet werden.
F_Z	Ziehkraft im Streifenziehversuch
F_Q	Querkraft im Streifenziehversuch
v_{St}	Stempelgeschwindigkeit
f_r	Reibwert
p_m	mittlere Flächenpressung
ε_s	relative Blechdickenabnahme
α	halber Werkzeugöffnungswinkel
F_{St}/A_o	auf den Napfausgangsquerschnitt bezogene Stempelkraft
F_{RR}	Reibkraft am Ziehring
μ_R	Reibungskoeffizient am Ziehring
F_{RSt}	Reibkraft am Stempel
μ_{St}	Reibungskoeffizient am Stempel

0 Einleitung und Aufgabenstellung

Seit einigen Jahren erfährt die Produktion der korrosionsbeständigen Stähle eine ständige Ausweitung. Die Einsatzgebiete dieser Werkstoffe erstrecken sich vom chemischen Apparatebau mit weitestgehender Einzel- bzw. Kleinserienfertigung bis zur Massenfertigung von z. B. Haushaltgeräten.

Mit der Großserienproduktion sind zahlreiche Probleme aufgetaucht, die die Hersteller von Artikeln aus nichtrostenden Stählen gezwungen haben, einzelne Produktionsschritte und Fertigungsverfahren zu überdenken und auf die spezifischen Gegebenheiten dieser Werkstoffe abzustimmen. So ist die Korrosionsbeständigkeit einer Vielzahl dieser Stähle in starkem Maße von der gezielten Vor- und Nachbehandlung der Werkstücke abhängig, daneben treten in der Fertigung bei werkzeuggebundener plastischer Formgebung erhebliche tribologische Schwierigkeiten auf, die sich grob durch die chemische Zusammensetzung der nichtrostenden Stähle und auch ihre in vielen Fällen hohe Formänderungsfestigkeit erklären lassen.

Betrachtet man die Produktionszahlen für nichtrostende Flacherzeugnisse in den vergangenen Jahren so fällt auf, daß von der Gesamterzeugung der Hauptanteil auf die Werkstoffgüten 1.4301 und 1.4016 entfällt. Beim Werkstoff 1.4301 handelt es sich um den austenitischen Stahl X 5 CrNi 18 9, der sich durch folgende Eigenschaften auszeichnet [7]:

- mäßige, in vielen Fällen des täglichen Bedarfs aber ausreichende Korrosionsbeständigkeit
- paramagnetisch
- sehr großes Formänderungsvermögen
- hohe Verfestigung und damit gute Streckziehfähigkeit.

Der 1.4016 ist ein ferritischer Werkstoff aus der Gruppe der mit 17 % Chrom legierten nichtrostenden Stähle. Dieser Stahl verfestigt gegenüber dem oben genannten Werkstoff geringer und weist eine niedrigere Bruchdehnung z. T. aber bessere Korrosionsbeständigkeit auf.
In den vorliegenden Untersuchungen sollten unter dem Aspekt der Qualitätssicherung und Produktivitätssteigerung einige spezielle Probleme des Abstreckgleitziehens der oben genannten

Werkstoffe behandelt werden. Die Untersuchungen sind damit eine Weiterführung der bereits vorliegenden Ergebnisse zum Tiefziehen der beiden Werkstoffe 1.4301 und 1.4016 [1].
Die beim Abstreckgleitziehen nichtrostender austenitischer Stähle auftretenden Schwierigkeiten lassen sich in zwei Problemkreise einordnen:

1. unerwünschte Gefügeumwandlungen
2. tribologische Probleme

- Änderung der Werkstoffeigenschaften

Der Werkstoff 1.4301 ist in der heute vorliegenden Form eine Synthese des nicht mehr erzeugten Werkstoffs 1.4300 und des früheren 1.4301. Beim 1.4300 waren die durch Umformung bei Raumtemperatur hervorgerufenen Gefügeänderungen so gravierend, daß hier durch Änderung der Legierungszusammensetzung Abhilfe geschaffen wurde. Die auch beim neueren Werkstoff 1.4301 noch auftretenden mehr oder weniger starken Änderungen der mechanischen Eigenschaften während der Umformung sind auf eine teilweise Phasenumwandlung des austenitischen Gefüges zurückzuführen. Die Martensitbildung führt sowohl zu einer Beeinträchtigung des Umformverhaltens als auch zu Veränderungen der Werkstückeigenschaften. Eine eingehende Untersuchung dieser Gefügeänderungen ist ein Ziel dieser Arbeit. Nicht behandelt werden die unerwünschten Gefügeänderungen durch Ausscheidungen z.B. von σ- Phasen bei falscher Wärmebehandlung.

- Tribologisches Verhalten

Die Umformung nichtrostender Stähle durch Abstreckgleitziehen ist gekennzeichnet durch hohe Flächenpressungen, große Relativbewegungen und starke Oberflächenvergrößerungen.
In Verbindung mit der meist vorliegenden chemischen Verwandtschaft von Werkzeug - und Werkstückwerkstoff führen die hohen Flächenpressungen zu einer ausgeprägten Adhäsionsneigung des Werkstoffs 1.4301.
Welche volkswirtschaftlichen Verluste durch überhöhten Energieverbrauch infolge Reibung und zusätzlichen Rohstoffverbrauch, als Folge der bei adhäsivem Verschleiß notwenigen Neuanfertigungen von Werkzeugen, entstehen, ist in zahlreichen Arbeiten

[14, 15] der letzten Jahren zum Ausdruck gebracht worden.

In der vorliegenden Arbeit sollen die tribologischen Grenzen des zu untersuchenden Umformverfahrens erarbeitet und wenn möglich erweitert werden, dies auch unter dem Aspekt der wirtschaftlichen und rationellen Fertigung von dünnwandigen Hohlkörpern mit dickem Boden.

1 Stand der Erkenntnisse

1.1 Gefügeumwandlungen bei nichtrostenden austenitischen Stählen

1.1.1 Vorgänge bei der Bildung von Verformungsmartensit

Die nichtrostenden austenitischen Stähle weisen bei Raumtemperatur ein kubisch-flächenzentriertes Kristallgitter auf, das durch Abschrecken von der Walztemperatur, oder nach Glühungen von etwa 1050 C° aus erreicht wird. Die Beständigkeit dieser Modifikation ist in starkem Maß von der Zusammensetzung der Legierung abhängig. Bei dem hier untersuchten austenitischen Stahl X 5 CrNi 18 9 (Werkstoff-Nr. 1.4301) führen insbesondere Schwankungen im Ni-Gehalt in dem von der DIN 17 440 vorgegebenen Rahmen zu einer starken Beeinträchtigung der Austenitstabilität [2, 3, 4, 8].
Die Martensitbildung ist nicht, wie sonst häufig bei Umwandlungsvorgängen, diffusionsgesteuert, sondern es klappen ganze Kristallbereiche geschlossen und ohne Konzentrationsverschiebungen in die neue Gittermodifikation um. Dieser Umstand erklärt auch, daß plastische Formänderungen im vorliegenden Fall den Vorgang der Martensitbildung einleiten [5]. Die treibende Kraft ist dabei der durch die Umklappung erzielte Enthalpiegewinn. Dieser kann durch reine Unterkühlung unterhalb eine bestimmte Temperatur M_s eintreten. M_s hängt von der Zusammensetzung ab und läßt sich nach der Formel M_s (°C) = 1305 - 1665 (% C + % N) - 28 (% Si) - 33 (% Mn) - 42 (%Cr) - 61 (% Ni) abschätzen [2].

Zur Abschätzung der durch Umformen gebildeten Martensitanteile sind zwei weitere Kriterien gegeben. Die M_{d30} Temperatur gibt an, bei welcher Temperatur durch 30%ige Deformation 50 Vol.-% Martensit erzeugt werden. Sie kann ähnlich der M_s-Temperatur aus der Zusammensetzung des Werkstoffs ermittelt werden [2].

Als zweites Kriterium liegt eine Ungleichung vor, die aus der energetischen Beurteilung der zur Phasenumwandlung führenden äußeren mechanischen Spannungen resultiert [5]:

$$E_{chem} + \underbrace{E_{mech}(\tau) \pm E_{mech}(\sigma_N)}_{\text{durch äußere Spannung verfügbare Energie}} > \underbrace{E_o}_{\text{Oberflächenenergie}} + \underbrace{E_{elast} + E_{plast}}_{\text{im Gitter gespeicherte elastische u.plastische Energie}}$$

Als erste Folgerung aus dieser Ungleichung ergibt sich, daß die Umformung eines instabilen austenitischen Werkstoffs bei Temperaturen zwischen M_s und M_{d30} ab einem bestimmten Umformgrad, d.h. ab einer bestimmten eingebrachten mechanischen Energie, zur Bildung von Verformungsmartensit führt.
Die durch äußere Spannungen verfügbare Energie ist im allgemeinen durch den dem jeweiligen Umformverfahren eigenen Spannungszustand vorgegeben, so daß sich hierüber kein Eingriffsparameter zur Steuerung der Martensitbildung ergibt. Es verbleibt als wichtige Steuerungsgröße die Temperatur, bei der die Umformung durchgeführt wird [1].
In [3] wird anhand von Fließkurvenuntersuchungen eingehend der Einfluß der Temperatur auf den Austenitzerfall und damit auf die Formänderungsfestigkeit untersucht. In der Arbeit [1] wurden zwei austenitische Werkstoffe unterschiedlicher Nickelgehalte auf ihre Austenitstabilität untersucht. Den sich im Zugversuch bei unterschiedlichen Temperaturen ergebenden Martensitgehalten werden hier die Werte gegenübergestellt, die sich beim Tiefziehen mit unterschiedlichen Stempelgeschwindigkeiten und Werkzeugtemperatur einstellen. Erste Ergebnisse zum Abstreckgleitziehen, so der grundsätzliche Zusammenhang von Stempelgeschwindigkeit und Martensitgehalt, werden in [1] aufgezeigt und teilweise erläutert. Weitere Arbeiten [7, 8, 10, 11] befassen sich ebenfalls ausführlich mit dem Umform- und Gefügeverhalten der austenitischen nichtrostenden Stähle.

1.1.2 Martensitgehaltmessungen

Die quantitative Erfassung der durch Deformation entstandenen Martensitanteile im Gefüge bereitet, zumindest was die zerstörungsfreie Messung angeht, einige Schwierigkeiten. Als meßbare physikalische Größe bietet sich die magnetische Permeabilität an. Beim Übergang vom austenitischen in den martensitischen Zustand findet eine Änderung des magnetischen Verhaltens statt - vom para - zum ferromagnetischen Zustand. Das einfachste Verfahren ist die magnetische Haftkraftmessung, bei der die Haftkraft eines Dauermagneten am umgeformten Werkstück gemessen wird. Genauigkeitsangaben zu dem Verfahren sind insofern problematisch, als der Oberflächenzustand vom Werkstück und Dauermagneten sehr stark in die Ergebnisse der Messungen eingeht.

Wesentlich genauere Meßwerte liefern solche Verfahren, die auf magnetischen Flußmessungen oder Permeabilitätsmessungen beruhen.

In [1] wurde zu diesem Zweck ein nach dem Permeabilitätstastverfahren arbeitender Ferritgehaltmesser so kalibriert, daß mit Hilfe dieses Gerätes der Martensitgehalt im umgeformten Werkstück erfaßt werden kann.

1.2 Adhäsiver Verschleiß bei der Umformung von Edelstahl

Der vom Tiefziehen und Abstreckgleitziehen von beschichteten Stahlblechen in der Dosenfertigung bekannte fressende Verschleiß [13] tritt in noch wesentlich stärkerem Maß bei der Verarbeitung von Edelstählen auf. Von grundsätzlicher Bedeutung ist dabei der ähnliche chemische Aufbau des Werkstückwerkstoffs und der gängigerweise verwendeten Werkzeugwerkstoffe [16].

Werden bei hohen Flächenpressungen die oxidischen Grenzflächen von Werkzeug und Werkstück durchbrochen und kommt es dadurch zu metallischem Kontakt, so führt dies zur Bildung von Kaltverschweißungen. Bei der weiteren Bewegung werden die Schweißbrücken abgeschert und führen zu Aufschweißungen am Werkzeug [17, 18, 19]. Neben der örtlich anzunehmenden Flächenpressung, durch die Mischreibungsbedingungen herbeigeführt werden, sind die Verschleißraten in starkem Maß durch die kristallographischen Kennwerte der beiden miteinander gepaarten Festkörper zu beeinflussen [20. 21. 22]. Entscheidend für den am weicheren Werkstoff eintretenden Abtrag durch Schweißbrückenbildung ist die Lage der Scherebene, in der die Kaltverschweißung wieder getrennt wird. Die Zahl der möglichen Gleitsysteme und damit das unterschiedliche Verfestigungsverhalten und unterschiedlicher Energiebedarf zur Bildung neuer Oberflächen führen dazu, daß abhängig von der Kristallstruktur der Werkstoff die Adhäsionsneigung unterschiedlich stark ausgeprägt ist.

Daneben spielt auch das Oxidationsverhalten der Werkstoffe eine entscheidende Rolle [23, 24]. Einerseits besitzen Oxidschichten eine geweisse Trenn- und Schmierfunktion, andererseits führt jedoch ihr Abtrag unter Gleitreibungsbedingungen zu einem zusätzlichen Anteil an abrasivem Verschleiß und durch die Neubildung und anschließenden wiederholten Abtrag zu einer Erhöhung der Gesamtverschleißrate.
Die bisherigen Aussagen beziehen sich zunächst nur auf die reine Festkörperreibung ohne die gewollte plastische Formänderung eines der beiden Reibpartner. Insofern können die in den genannten Arbeiten gewonnenen Ergebnisse zwar einige der beim Abstreckgleitziehen von Edelstahl auftretenden Phänomene erklären, um Möglichkeiten zur erfolgversprechenden Variation der Parameter des vorliegenden Tribo-Systems auszuschöpfen, sind jedoch weitergehende Untersuchungungen unter Bedingungen, die die Verhältnisse des Umformverfahrens wiedergeben, notwendig.
Welche Beachtung allen Größen eines vorliegenden Tribo-Systems geschenkt werden muß, damit Reibung und Verschleiß genau beschrieben werden, zeigen die Arbeiten [25, 26, 27]. Die Arbeiten [28, 29] setzen sich mit einigen speziellen Problemen auseinander, die sich aus der Tatsache ergeben,daß das Werkstück - also einer der Reibpartner - plastisch verformt wird. Plastische Verformungen sind zwar auch aus anderen tribologischen Systemen des Maschinenbaus bekannt. Hier beschränkt sich die Deformation aber auf eine Einebnung von Rauhigkeitsspitzen der technischen Oberflächen und ist daher sowohl örtlich als

auch zeitlich begrenzt. In der Umformtechnik hat dieser Einlaufvorgang für die Werkzeuge Gültigkeit. Es muß jedoch beachtet werden, daß die meisten Umformvorgänge mit wesentlich höheren Flächenpressungen verbunden sind, als diese z.B. in der Lagerreibung auftreten. Damit spielen sich Reibung und Verschleiß im Gebiet der Grenzreibung ab. Nach den bisher vorliegenden Ergebnissen [29, 53] lassen sich abhängig vom Schmierstoff und Spannungszustand zwei Bereiche voneinander trennen, die durch die herrschende Flächenpressung bzw. den jeweiligen Umformgrad charakterisiert sind und in denen entweder sichtbare Verschweißungen auftreten oder nicht.

Weiterhin konnte in [29] deutlich gezeigt werden, daß die Kaltverschweißungen in der Auslaufzone des Werkzeugs beginnen, wenn also infolge Schmierstoffversagen reine Festkörperreibung vorliegt. Die Verschweißungen bauen sich dann in der weiteren Folge des Umformvorgangs auf und zwar bis hin zur Einlaufzone. Der dann vorliegende Reibungskoeffizient ist in Übereinstimmung mit den Aussagen von [17, 19] nahezu ausschließlich von der Scherfestigkeit des Umformwerkstoffs abhängig.

Überaus große Bedeutung kommt demnach der Haftfähigkeit des Schmierfilms auf dem Werkstückwerkstoff zu. Einige Arbeiten [36, 37, 38, 39] befassen sich eingehend mit den physikalischen und chemischen Vorgängen an der Oberfläche, von denen die Wirkung der Schmierstoffe direkt abhängt. Je nach Aufbau und Wirkungsmechanismus des Schmierstoffs spielt das Reaktionsvermögen des Werkstoffs eine entscheidende Rolle [36]. Die zu untersuchenden Edelstähle sind chemisch sehr inaktiv, so daß die Wirksamkeit von Hochdruckadditiven häufig nur in geringem Maße gegeben ist, erfolgversprechender erscheinen hier polar wirkende Substanzen.

Um Vorhersagen über die Wirkungsweise von Parameteränderungen machen zu können, sind zahlreiche Modellversuche entwickelt worden, die mehr oder weniger genau die jeweiligen Systembedingungen wiedergeben. Für die Umformtechnik und speziell die Verfahren der Gruppe der Zug-Druck-Umformung gibt es einige Varianten des Streifenziehversuchs [30, 31, 32, 33, 34].

Speziell die am Institut für Umformtechnik durchgeführten Arbeiten von SCHLOSSER [31, 32] befassen sich mit dem Einfluß von Werkzeugwerkstoff und Schmierstoffen auf die Reibungsverhältnisse bei der Umformung von nichtrostendem austenitischem Stahl. Günstige Verhältnisse konnten hier vor allem mit TiC-beschichteten Werkzeugen gefunden werden. Über Steigerungen der Werkzeugstandzeit in der Praxis durch CVD-Beschichtung liegen ebenfalls Ergebnisse vor [41, 42, 43].

Daneben scheint aber auch die Verwendung von Hartstoffen als Werkzeugwerkstoff aussichtsreich zu sein [44, 45], da diese Werkstoffe sich durch hohe Härte bei gleichzeitig guten elastischen Eigenschaften auszeichnen.

2 Werkstoffe

2.1 Werkstückwerkstoffe

Bei den Untersuchungen wurden 2 unterschiedliche Chargen des austenitischen Werkstoffs X 5 CrNi 18 9 (1.4301) - Werkstoffe A und B - eingesetzt. Die aus diesen beiden Werkstoffen durch Tiefziehen gefertigten Näpfe mit einem Innendurchmesser von 80 mm, 59 mm mittlerer Napfhöhe und 3,9 mm mittlerer Wanddicke unterscheiden sich grundsätzlich in ihrer Zusammensetzung. Die auf den Werksangaben des Herstellers basierenden Analysenwerte für beide Werkstoffe sind der Tabelle 1 im Anhang zu entnehmen. Wesentlichstes Unterscheidungsmerkmal ist der Nickelgehalt der beiden Chargen. Werkstoff A liegt mit 8,56 Gewichts-% an der unteren von der DIN 17440 vorgegebenen Grenze, während Werkstoff B mit 9,94 Gewichts-% an der oberen Grenze liegt.

2.1.1 Metallographische Kennwerte der untersuchten Werkstoffe

Aus den in Tabelle 1 enthaltenen Werten - insbesondere M_s und M_{d30} - geht hervor, daß es sich beim Werkstoff A um einen austenitinstabilen und beim Werkstoff B um einen stabilen austenitischen nichtrostenden Stahl handelt. Dies ist vorwiegend auf die Unterschiede im Nickelgehalt zurückzuführen. Dementsprechend ist beim Werkstoff A mit der Bildung von Umformmartensit zu rechnen, die zugehörigen Ergebnisse werden im Kapitel 4 behandelt. Im Verlauf der Versuche zum Abstreckgleitziehen wurden Zwischenglühungen an den Werkstücken durchgeführt. Geglüht wurde in einem Muffelofen unter Argonatmosphäre bei 950 °C bis 1050 °C, anschließend wurden die Näpfe abgeschreckt und zwar durch Kühlen der Muffel mit Preßluft und verstärktem Durchfluß von Stickstoff. Der kritische Bereich der Bildung von σ-Phasen zwischen etwa 900 °C und 400 °C konnte so in drei bis vier Minuten durchlaufen werden. In Bild 1 wurden Aufnahmen metallographischer Schliffe der untersuchten Werkstoffe zusammengefaßt, und zwar im Ausgangszustand, vorverformt und unter verschiedenen Bedingungen geglüht. Deutlich zeigt sich das zunehmende Kornwachstum bei höheren Temperaturen und längeren Haltezeiten. Die zu untersuchenden Näpfe wurden daher in der Regel bei 950 °C mit vier bis fünf Minuten Haltezeit unter den oben beschriebenen Bedingungen rekristallisationsgeglüht.

Bei der Betrachtung der verwendeten Werkstoffe auf nichtmetallische Einschlüsse fällt auf, daß beide Werkstoffe, wie auch im Bild 1 zu sehen, oxidische Einschlüsse in meist zeiliger z.T. auch globularer Anordnung aufweisen. Ein Einfluß auf die zu untersuchenden Phänomene ist hiervon nicht zu erwarten.

2.1.2 Mechanische Kennwerte der untersuchten Werkstoffe

Die Tabelle 2 zeigt mechanische Kennwerte der Werkstoffe A und B. Weiterhin sind dem Bild 6 die im Zugversuch ermittelten Fließkurven der Werkstoffe zu entnehmen.

Zur Abrundung der Ergebnisse wurden an den aus den in 2.1.1 beschriebenen Glühversuchen entstammenden Proben die Härtewerte in Abhängigkeit von Glühtemperatur und Haltezeit ermittelt.

Bei einer Glühdauer von drei Minuten bei 950 °C ergibt sich eine mittlere Eindringhärte der Proben von 187 HV 10 gegenüber 157 HV 10 bei 19 Minuten Haltezeit auf 1030 °C. Das weichere Gefüge im zweiten Fall ist zum einen auf eine vollständigere Kristallumbildung, zum anderen aber auch auf die Kornvergröberung zurückzuführen. Im einzelnen sind die gemessenen Werte der Tabelle 3 zu entnehmen.

2.1.3 Oberflächenbeschaffenheit der Werkstückwerkstoffe

2.1.3.1 Oberflächenbeschaffenheit im Ausgangszustand

Beide Versuchswerkstoffe standen ursprünglich in Tafeln mit einer Ausgangsdicke von 3,0 mm zur Verfügung und zwar in der Ausführung III c, also wärmebehandelt, gebeizt und leicht nachgewalzt. Bezüglich der Senkrechtmaße der Rauheit konnte bei den beiden Werkstoffen kein Unterschied festgestellt werden. Es wurden R_t-Werte zwischen 2,2 und 2,7 um ermittelt.

Stärkeren Schwankungen war die Oberflächenbeschaffenheit der tiefgezogenen Näpfe unterworfen. Bei diesen, für die hier beschriebenen Versuche als Ausgangswerkstück dienenden Näpfen, wurden R_t-Werte zwischen 2,7 und 8,7 µm gemessen. Die Schwankungen ergeben sich über der Napfhöhe und am Napfumfang. Wesentlich höhere Werte und auch eine größere Schwankungsbreite weisen die Oberflächen an der Napfinnenseite auf. Hier wurden am oberen Rand R_t-Werte bis 20 µm gemessen.

Eine vollständige Liste der ermittelten Werte zur Oberflächenfeingestalt zeigt die Tabelle 4.

2.1.3.2 Oberflächenbeschaffenheit nach den einzelnen Abstreckzügen

Die ebenfalls in Tabelle 4 enthaltenen Meßwerte für den Egalisierzug und zwei weitere folgende Abstreckzüge zeigen, daß mit fortschreitender Umformung eine starke Einebnung der Napfoberflächen stattfindet. Die erzielte Oberfläche ist in sehr starkem Maße von dem verwendeten Schmierstoff und dem sich daraus ergebenden Werkzeugkontakt abhängig. Die in den Bildern 2 bis 5 zusammengefaßten rasterelektronischen Aufnahmen zeigen deutlich die sehr narbige Werkstückoberfläche, die sich bei der Verwendung von Festschmierstoffen (Wachs TMW 12) ergibt, demgegenüber führen flüssige Schmierstoffe (Bilder 3 und 4) bereits nach der ersten Umformung zu deutlich glatteren Oberflächen ohne die für die Schmierstoffhaftung günstigen Schmiertaschen. Im Bild 4 sind darüber hinaus bereits starke Riefen als Folge von Kaltverschweißungen zu sehen.

2.2 Werkzeugwerkstoffe

2.2.1 Kaltarbeitsstahl mit Titankarbid beschichtet

Untersuchungen mit Hilfe des Streifenziehversuchs, die in der Vergangenheit am Institut für Umformtechnik durchgeführt wurden [31, 32], haben ergeben, daß TiC-beschichtete Werkzeuge mit Aussicht auf Erfolg beim Abstreckgleitziehen nichtrostender austenitischer Stähle eingesetzt werden können.

Die sehr harte intermetallische Phase Titancarbid weist die nach [17, 18, 20, 22] notwendigen Eigenschaften auf, um in Verbindung mit Edelstahl die Adhäsionsneigung zu minimieren - es fehlt die Ähnlichkeit in der Kristallstruktur bzw. der metallische Charakter, womit auch andere chemische Bindungsmechanismen wirksam werden.

Diese mehr theoretische Begründung wird noch gestützt durch zahlreiche vorliegende Ergebnisse aus der Praxis, die zeigen, daß TiC-beschichtete Werkzeuge aufgrund ihres Widerstandes gegen abrassiven und adhäsiven Verschleiß zu wesentlich höheren Standzeiten führen [42, 43, 44].

Über die Werkzeugbeschichtung nach dem CVD-Verfahren wurde inzwischen mehrfach berichtet [41, 42], so daß der Vorgang hier nur kurz beschrieben werden kann. Die TiC-Schicht wird bei Austenitisierungstemperatur aus der Gasphase ($TiCl_4$) direkt auf den Werkstoff des vorgefertigten Werkzeugs abgeschieden. Als Trägerwerkstoffe kommen nur C-haltige Werkstoffe in Frage, da diese den zur Reaktion notwendigen Kohlenstoff liefern müssen. In der Praxis hat sich hier der ledeburitische Chromstahl 1.2601 gut bewährt, dies auch im Hinblick auf die Tatsache, daß dieser Werkstoff eine relativ gute Stützwirkung auf die extrem harte und unelastische Hartstoffschicht ausübt. Die hohe Härte des Titancarbides von etwa 4500 HV erlaubt auch nur den Auftrag sehr dünner Schichten von 5 µm bis 9 µm Dicke, wodurch minimale elastische Verformung der Gesamtschicht ohne Ablösung vom Trägerwerkstoff erreicht werden kann.

Die Oberfläche des Grundwerkstoffs wird in ihrer Mikrogeometrie auch in der TiC-Schicht erhalten, so daß die zu beschichtenden Werkzeuge eine geringe Rauhigkeit mit $R_t < 1$ µm aufweisen sollten. Ebenfalls dürfen keine chemischen Verunreinigungen oder chemische Inhomogenitäten an der Oberfläche vorhanden sein, weil hierdurch die Haftung der TiC-Schicht in starkem Maß beeinträchtigt wird. Aus den beiden genannten Gründen wird häufig empfohlen, die Werkzeuge vor der Beschichtung elektrolytisch zu polieren. Im Rahmen der Untersuchungen wurden Werkzeuge zum Streifenziehen vor der CVD-Behandlung z.T. elektrolytisch und einmal mechanisch poliert. Mit den bei den Versuchen zur Verfügung stehenden Mitteln konnten keine Unterschiede im Haftverhalten der TiC-Schicht festgestellt werden. Weitere Eigenschaften insbesondere mechanische Kennwerte und Anwendungen im Versuchsprogramm sind der Tabelle 5 zu entnehmen. Die fertigen Werkzeuge weisen eine leicht porige Oberfläche auf (Bild 7), was z.T. vermutlich auch zum guten tribologischen Verhalten TiC-beschichteter Werkzeuge beiträgt.

2.2.2 Härtbare Sinter-Hartstoffe

Der verschleißminderne Effekt der in diesem Abschnitt zu behandelnden Werkzeugwerkstoffe beruht im wesentlichen auf den gleichen Eigenschaften, wie sie bereits in 2.2.1 beschrieben wurden. Die unter der Markenbezeichnung Ferro-Titanit von der Firma Thyssen-Edelstahl hergestellten Sinterwerkstoffe [44,45] bestehen zu etwa 30 % bis 50 % aus der Hartstoffphase Titankarbid, die in eine härtbare Stahlmatrix eingebettet sind. Im Ausgangszustand sind diese Werkstoffe leicht zu bearbeiten, was der einfachen und kostengünstigen Herstellung von Werkzeugen zugute kommt. Nach einer Wärmebehandlung weisen die Werkstoffe auch in der Matrix eine hohe Grundhärte bei gleichzeitig guten elastischen Eigenschaften auf, wodurch sie sich von den Sinterhartmetallen unterscheiden.

Im Laufe der Untersuchungen, insbesondere im Streifenziehversuch, wurde eine Vielzahl von unterschiedlichen Güten dieser Werkstoffgruppe untersucht. Die charakteristischen Merkmale der verschiedenen Werkstoffe sind in der Tabelle 5 aufgeführt.

2.2.3 Aluminium-Mehrstoffbronzen

Aluminium-Mehrstoffbronzen - z.B. unter der Markenbezeichnung AMPCO im Handel - sind Mehrstofflegierungen auf Al, Cu,Fe-Basis. Die hohe Verschleißbeständigkeit insbesondere gegen Kaltverschweißungen liegt wiederum im Aufbau dieser Werkstoffe begründet. In einer Matrix aus Al-Bronze sind extrem harte intermetallische Verbindungen in feinverteilter Form eingelagert. Größe und Verteilung dieser eingelagerten Phasen bestimmt im wesentlichen die Unterschiede der einzelnen Werkstoffe. Die Anwendung dieser Legierungen in der Umformtechnik ist aufgrund der niedrigen Härte (s. Tabelle 5) in der Regel auf Biege- und Tiefziehwerkzeuge begrenzt [46].

In neuerer Zeit wird jedoch auch vom erfolgreichen Einsatz des Werkstoffs AMPCO Grad 26 in geschmiedeter Form bei hochbeanspruchten Werkzeugen z.B. beim Ziehen von Rohren aus Edelstahl berichtet, so daß eine Untersuchung der Einsatzfähigkeit dieser Werkstoffgruppe zum Abstreckgleitziehen aussichtsreich erschien. Die entsprechenden Kennwerte der verwendeten Werkstoffe sind in der Tabelle 5 enthalten.

3 Werkzeugaufbau und Werkzeugauslegung

Das Versuchsprogramm zum vorliegenden Forschungsvorhaben gliedert sich im wesentlichen in zwei Abschnitte. Für die Untersuchung der tribologischen Verhältnisse wurden zunächst Versuche auf einem Streifenziehgerät durchgeführt. Daran schlossen sich die eigentlichen Untersuchungen zum Abstreckgleitziehen an.

3.1 Streifenziehgerät

Im Bild 8 ist der prinzipielle Aufbau der verwendeten Streifenzieheinrichtung dargestellt, ebenso wie die Geometrie der verwendeten Ziehbacken. Blechstreifen (Breite 20 mm, Ausgangsdicke 3 mm) des Werkstoffs B werden am einen Ende dünner gewalzt und die so entstandene Ziehangel durch den Ziehspalt zwischen den Ziehbacken hindurch in die Klemmbacken eingespannt. Je nach Dicke der an den Ziehbacken eingelegten Distanzplatte wird beim Ziehvorgang der Streifen unterschiedlich stark in der Dicke reduziert. Aufgrund der Streifengeometrie liegt breitungsfreie, d.h. ebene Umformung vor. Mit den im Bild 8 bezeichneten Kraftmeßkörpern werden während des Versuchs die Zieh-(Längs-)Kraft F_Z und Querkraft F_Q gemessen.

Die Geometrie der Ziehbacken ist bestimmt durch mehrere unterschiedlich geneigte Flächen. Diese Kontur wurde gewählt, um geometrisch ähnliche Verhältnisse wie beim Abstreckgleitziehen zu erhalten (s. Abschnitt 3.2). Um zudem den Einfluß der Werkzeuggeometrie auf die tribologischen Bedingungen zu ermitteln, wurden Ziehbacken mit unterschiedlichen Konturen eingesetzt, entsprechend den in Bild 8 angegebenen Formen I und II. Die Ziehgeschwindigkeit wurde bei den Versuchen auf etwa 25 mm/s konstant gehalten, lediglich in einigen Stichversuchen wurde mit maximaler Geschwindigkeit von 90 mm/s gezogen.

3.2 Werkzeug zum Abstreckgleitziehen

3.2.1 Aufbau und Auslegung

Bei den Versuchen zum Abstreckgleitziehen wurden doppelt armierte Ziehringe aus den in Abschnitt 2.2 beschriebenen Werkstoffen eingesetzt. Der Aufbau des gesamten Versuchswerkzeugs und die Kontur der Ziehringe ist im Bild 9 dargestellt. Vorausgegangene Versuche [1] hatten gezeigt, daß bei TiC-beschichteten Werkzeugen die sehr harte und spröde Titankarbidschicht schnell abplatzte. Dies hatte im wesentlichen zwei Gründe:

- Ziehringkontur mit kleinen Radien,
- nicht ausreichende Vorspannung.

In Erkenntnis dieser Ergebnisse wurden bei den vorliegenden Versuchen Ziehringe eingesetzt, deren Innenkontur sich aus mehreren unterschiedlich geneigten Flächen zusammensetzt, wobei die Übergänge noch stark verrundet wurden. Damit ergeben sich sehr sanfte Übergänge und eine Kontur, die der Traktrixkurve ähnelt.

Als zweite Maßnahme wurde die doppelte Armierung der Matrize auf sehr starke Vorspannung ausgelegt. Die optimalen Fugendurchmesser sowie die jeweiligen Schrumpfmaße wurden nach [47, 48, 49] berechnet. Als von der Werkstoffbelastung her maximal mögliches Übermaß in der Innenfuge wurden so 0,6 % ermittelt. Aufgrund der damit erreichten Vorspannung kann die Matrize mit einem maximalen Innendruck von 1450 N/mm² belastet werden, ohne daß an der Innenseite des Ziehrings tangentiale Zugbelastungen auftreten.

Für eine Beurteilung des tribologischen Verhaltens wurden bei einem Egalisierzug und beim 1. Abstreckzug Dehnungsmessungen an der Matrize durchgeführt. Verteilt auf den Umfang wurden an vier Stellen Aussparungen zur Aufnahme von Dehnmeßstreifen an der Innenfuge des Zwischenrings eingearbeitet, die Dehnmeßtstreifen waren in unterschiedlicher Höhe außen auf den Ziehring geklebt. Das beschriebene Verfahren ermöglicht lediglich eine grobe, integrale Messung der Matrizenbelastung,

Aussagen über den in der Wirkfuge tatsächlich herrschenden Spannungszustand können nicht getroffen werden.

3.2.2 Abmessungen und Oberflächenfeingestalt

In Tabelle 6 sind die Innendurchmesser der verwendeten Ziehringe aufgeführt und zwar jeweils gemessen nach dem Einpressen in den Schrumpfverband.

Einer der Egalisierringe wurde vor den Versuchen mit Diamantpolierpaste bearbeitet, die TiC-Schicht war danach hochglänzend und wies eine Rauhtiefe von $R_t = 0,5$ µm (in axialer Richtung gemessen) auf. Diese Form der zusätzlichen Bearbeitung hat sich jedoch nicht als brauchbar erwiesen, da es zu vermehrtem Auftreten von Anfressungen kam. Im folgenden wurden daher die Ziehringe im Anlieferungszustand eingesetzt. Die Rauhtiefe R_t lag in diesen Fällen zwischen 1,4 µm und 1,8 µm (siehe auch Bild 7).

3.2.3 Werkzeugeigenschaften während der Versuche

Im folgenden soll kurz über einige Erfahrungen, die während der Versuche mit TiC-beschichteten Ziehringen aus Kaltarbeitsstahl gemacht wurden, berichtet werden.

Es hat sich gezeigt, daß die oben beschriebenen Maßnahmen bezüglich Werkzeugauslegung und Ziehringform ausreichend waren und in nahezu allen Fällen Versagen der Werkzeuge durch Abplatzen der TiC-Schicht nicht aufgetreten ist. Eine Ausnahme bildet hier lediglich einer der eingesetzten Egalisierringe, bei dem die Beschichtung an mehreren Stellen beschädigt wurde. Dies kann auf zwei Gründe zurückgeführt werden: Erstens mußte dieser Ziehring aufgrund eines Fehlers bei der Herstellung mehrfach in die vorgesehene Armierung ein- und wieder ausgepreßt werden. Bei diesem Vorgang ändert sich der Innendurchmesser im zylindrischen Teil des Ziehringes jeweils um 0,55 mm entsprechend etwa 0,6 %. Die dadurch hervorgerufene starke elastische Verformung des Ziehrings kann bereits zu einer

Schädigung der Titankarbidschicht geführt haben, so daß schon vor der eigentlichen Inbetriebnahme feine Haarrisse vorhanden waren. Als zweiter Grund ist anzuführen, daß auf diesem Werkzeug noch eine große Zahl ungeeigneter Schmierstoffe ausprobiert wurde, die dann zu starken Anfressern geführt haben
Bei dem Verschweißvorgang und auch dem anschließenden Auspolieren des Werkzeugs können die dabei auftretenden thermischen Belastungen ebenfalls zum Abplatzen der Schicht geführt haben.

Über die maximal möglichen Standzeiten der beschriebenen Werkzeuge können naturgemäß keine Aussagen gemacht werden. Die größte Zahl von Näpfen wurde auf einem Egalisierring gezogen (250 bis 300), wobei,wie oben beschrieben,Anfresser und Abplatzungen auftraten. Auf einem anderen Egalisierring konnten unter Verwendung geeigneter Schmierstoffe 250 Näpfe ohne Anfresser oder Beschädigung der Matrize verarbeitet werden.

Im ersten Abstreckzug versagten beide eingesetzten Werkzeuge durch Bruch. Bei diesem Versagensfall waren, wieder als Folge eines ungeeigneten Schmierstoffs, die axialen Belastungen zu hoch, so daß ein Teil des Ziehrings nach unten ausbrach.

Als zusätzliche Vorkehrungsmaßnahme ist hier eventuell eine Änderung im Werkzeugaufbau vorzusehen. Beim vorliegenden Werkzeug ragen bereits ab dem ersten Abstreckzug die Ziehringe zu weit nach innen über die axiale Abstützung. Hier sollte für hohe Beanspruchungen eine vollständigere Auflage des Ziehrings geschaffen werden bzw. der zylindrische Teil der Werkzeugkontur im Ziehring selbst weiter nach oben gelegt werden, damit eine bessere Abstützung bereits im Ziehwerkzeug gewährleistet ist.

Nachteilig auf die Werkstückgenauigkeit hat sich die Ziehringkontur ausgewirkt. Aus den Untersuchungen von [55] ist bekannt, daß bei Schulteröffnungswinkeln kleiner 8° die erforderliche Stempelkraft über die Napfwand übertragen wird und der Napfboden entlastet wird bzw. sogar dem Stempel voreilt. Dieser instationäre Vorgang tritt im vorliegenden Fall am oberen Napfrand auf, wenn das Werkstück die Ziehringbereiche mit größeren Schulteröffnungswinkeln verläßt. Während der Versuche ist dies besonders bei höheren Stempelgeschwindigkeiten beobachtet worden und führte zu einem Rückgang der Stempelkraft, höheren Stempelgeschwindigkeiten und am Werkstück zu deutlich geringeren Wanddicken im oberen Bereich der Napfwand.

4 Gefügeverhalten

4.1 Gefügeverhalten des instabilen austenitischen Werkstoffs

4.1.1 Einfluß der Wärmeabfuhrbedingungen auf die Bildung von Verformungsmartensit

Im Kapitel 2.1.1 wurde bereits erwähnt, daß der zu untersuchende Werkstoff A aufgrund seiner Zusammensetzung nicht austenitstabil ist. Ebenfalls erläutert wurden im Kapitel 1 die Mechanismen, die zur Bildung von Verformungsmartensit führen. Als für die Umformtechnik wesentlicher Eingriffsparameter hatte sich in den bisher vorliegenden Untersuchungen die Temperatur erwiesen. Da die notwendigen Temperatursteigerungen nur sehr gering sind, reicht es aus, die bei der Umformung im Werkstück entstehende Wärme auszunutzen. Nur muß die Wärmeabfuhr ans Werkzeug gering gehalten werden - was durch eine geeignete Stempelgeschwindigkeit und damit kurzem Werkzeugkontakt im vorliegenden Fall geschehen kann. Im Bild 11 zeigt sich, daß durch eine Versechsfachung der Stempelgeschwindigkeit der Gehalt an gebildetem Martensit von über 25 Vol.-% auf etwa 5 Vol.-%, also auf 1/5 gesenkt werden konnte.

Verschiebungen in der Martensitbildung ergeben sich außerdem durch die übrigen Wärmeabfuhrbedingungen wie Wärmeleitfähigkeit des Werkzeugwerkstoffs (Bild 12) und Wärmeaufnahmevermögen bzw. zusätzliche Wärmeentwicklung der Schmierstoffe (Bild 13).

Im Egalisierzug wurden unterschiedliche Werkzeugwerkstoffe eingesetzt, wovon die Ferrotitanite eine gegenüber Stahl wesentlich schlechtere Wärmeleitfähigkeit besitzen. Im Werkstück ergeben sich dadurch höhere Temperaturen, was sich in geringeren Martensitgehalten widerspiegelt. Einen zusätzlichen Einfluß mag hier auch die Reibungswärme haben. Der Reibwert bei Verwendung der Ferrotitanitwerkzeuge liegt, wie die Ausführungen im Abschnitt 5.1.2 noch zeigen werden, höher als bei sonst gleichen titancarbidbeschichteten Werkzeugen.

Über unterschiedliche Reibwerte ist auch der Einfluß der

verwendeten Schmierstoffe auf die Martensitbildung zu erklären (Bild 13). Daneben spielt aber auch z.B. im Fall des TMW 12 - eines synthetischen Wachses - der Wärmeverbrauch der Schmierstoffe eine Rolle. Dieses Wachs wird als fester Schmierstoff in die Umformzone eingebracht und schmilzt dort auf. Der entstehende Wärmeverlust erklärt z.T. die relativ starke Martensitbildung. Dazu kommt noch der sehr niedrige Reibwert - und damit geringe Entwicklung von Reibungswärme - bei der Verwendung dieses Schmierstoffs.

Um einen Eindruck davon zu vermitteln, welche Temperaturen bereits wirksam die Martensitbildung in Grenzen halten können, zeigt Tabelle 7 einige Temperaturen, die an den Näpfen nach dem Abstreifvorgang gemessen wurden. Die Werte gelten lediglich für Einzelversuche. Im Dauerbetrieb nach der Aufwärmung des Werkzeugs ergeben sich höhere Werte und damit im einzelnen auch noch niedrigere Martensitgehalte. Die Temperaturen steigen aufgrund der geringer werdenden Wanddicken der Näpfe und der höheren Umformgrade im zweiten und dritten Abstreckzug stärker an. Es ist daher auch nicht verwunderlich, daß sich hier weniger Martensit bildet, wie bereits im Bild 11 gezeigt.

4.1.2 Martensitverteilung in den Werkstücken nach unterschiedlichen Umformstufen

Die bisher behandelten Darstellungen geben jeweils den Martensitgehalt der Näpfe wieder, wie er nach dem Abstrecken etwa 10 mm bis 20 mm unterhalb des oberen Napfrandes gemessen wurde. Betrachtet man die erzielte Martensitverteilung über der jeweiligen Napfhöhe, so wird noch einmal der starke Einfluß der Temperatur deutlich. Im Bild 14 wurden die unterschiedlichen Martensitgehalte über der Napfhöhe für verschiedene Abstreckzüge aufgetragen. Während im Egalisierzug noch der maximale Martensitgehalt an der Stelle des maximalen Umformgrades, nämlich im oberen Napfwanddrittel, auftritt, ist dies im ersten Abstreckzug und den weiteren Zügen kurz oberhalb des Napfbodens der Fall. In diesen Umformstufen ist die Verteilung der Umformgrade über der Napfwand nahezu gleichmäßig und lediglich über die Werkstücktemperatur ist eine Variation des Martensitgehaltes zu erzielen. Deswegen wird bei noch kaltem Werkzeug und Werkstück zunächst viel Martensit gebildet. Mit zunehmender Erwärmung, d.h. beim weiteren Abstrecken der Napfwand, geht die Martensitbildung dann stark zurück. Auch dies ist wiederum ein Effekt, der nur bei Einzelversuchen mit kaltem Werkzeug beobachtet werden kann. Hat bei Serienproduktion erst ein Wärmeausgleich an Stempel und Matrize stattgefunden, so ist mit einer gleichmäßigeren Martensitverteilung über der Napfhöhe zu rechnen.

Vergleicht man die Martensitverteilung am Napfumfang für tiefgezogene und abgestreckte Näpfe, so zeigt sich deutlich, daß mit jedem Abstreckvorgang eine gleichmäßigere Verteilung erreicht wird. Die Unterschiede im Martensitgehalt zwischen Zipfelberg und Zipfeltal - die beim tiefgezogenen Napf z.T. bis zu 20 Vol.-% betragen können - werden mit jedem Abstreckzug weiter ausgeglichen (Bild 14).

Dies ist zum einen auf die gleichmäßigere und bessere Erwärmung des Umformgutes beim Abstrecken zurückzuführen. Wesentlich ist andererseits aber auch die für die Martensitbildung wichtige Fehlstellenkonzentration im Werkstoff. Beim Tiefziehen treten im Zipfelberg die höchsten Umformgrade auf, verbunden mit dem maximalen Martensitgehalt und der stärksten Vorverfestigung. Die weicheren Partien der Zipfeltäler werden dagegen beim anschließenden Abstreckgleitziehen stärker umgeformt und weisen auch die höhere Dichte an freien, noch nicht blockierten Versetzungen auf. Gitterfehlstellen sind jedoch als Keime für die Martensitbildung anzusehen. Die Martensitbildung läuft beim ersten Abstreckvorgang also im Zipfeltal stärker ab, wodurch letztendlich eine Vergleichmäßigung des Martensitgehalts über den gesamten Napf erreicht wird.

Diese gleichmäßigere Verteilung mag ein Grund dafür sein, daß bei den Versuchen keine Spannungsrisse an den Näpfen beobachtet werden konnten, obwohl noch Werkstücke mit einem Ausgangs-Martensitgehalt von über 60 Vol.-% umgeformt wurden. Ein weiterer Grund dafür, daß dieser beim Tiefziehen von instabilen nichtrostenden austenitischen Stählen häufig auftretende Versagensfall bei den Versuchen nicht beobachtet wurde, mag die große Wanddicke der untersuchten Werkstücke sein. Daneben spielt auch die oben angesprochene Martensitverteilung über der Napfhöhe eine Rolle. Nach dem Tiefziehen liegen aufgrund der Formänderungsverteilung die maximalen Martensitgehalte und damit größten inneren mechanischen Spannungen am oberen Napfrand vor, während beim Abstrecken mehr Martensit im noch kalten unteren Bereich der Napfwand gebildet wird - hier entstehende Spannungsgradienten können aber vom Werkstoff besser abgestützt werden.

4.1.3 Einfluß des Gefügeausgangszustandes auf die Martensitbildung

Abschließend soll noch gezeigt werden, welchen Einfluß eine Glühung auf das Gefügeverhalten des Werkstoffs A hat.
Im Bild 15 wird gezeigt, welche Martensitgehalte sich in zwei verschiedenen Abstreckzügen und zwar ausgehend von unterschiedlichen Ausgangsmartensitgehalten, ergeben haben. Die Zunahme im geglühten Werkstoff ist in beiden Fällen am größten. Dies ist damit zu erklären, daß durch Glühung eine große Zahl an freien Versetzungen geschaffen wird, welche - da sie von einem Feld mechanischer Spannungen umgeben sind - als Keime für die Martensitbildung anzusehen sind.

Zusammenfassend kann man sagen, daß die Bildung von Verformungsmartensit bei instabilen austenitischen Stählen bereits durch die beim Abstrecken entstehende Wärme soweit unterdrückt werden kann, daß weitestgehend martensitfreie Werkstücke entstehen. Darüber hinaus erscheint es wesentlich, erforderliche Zwischenglühungen auf ein Minimum zu begrenzen.

4.2 Gefügeverhalten des stabilen austenitischen Werkstoffs

Das Gefügeverhalten des Werkstoffs B (austenitstabil) wurde stichprobenartig ebenfalls untersucht. Es hat sich gezeigt, daß bei diesem Werkstoff Martensit nur in verschwindend geringem Maße (< 2 bis 3 Vol.-%) auftrat, und die Bildung nicht von der Stempelgeschwindigkeit, d. h. von der Werkstücktemperatur, abhängig ist.

5 Untersuchung des tribologischen Verhaltens

Wie im Kapitel 1 bereits ausführlich dargelegt wurde, ist das Abstreckgleitziehen der austenitischen nichtrostenden Stähle durch folgende aus tribologischer Sicht interessante Parameter gekennzeichnet:

1. starke Oberflächenvergrößerung des Werkstücks - bei den durchgeführten Umformoperationen trat auf der Napfaußenseite als Maximum eine Vergrößerung der Oberfläche um 30 % auf,

2. große Flächenpressungen in der Größenordnung um 1 000 N/mm^2 bis 1 400 N/mm^2,

3. große Relativbewegungen,

4. in der Regel große chemische Ähnlichkeit von Werkzeug- und Werkstückwerkstoff (die Werkzeugstähle haben eine ähnliche Zusammensetzung wie die hochlegierten nichtrostenden Chrom-Nickel-Stähle).

Diese Faktoren führen dazu, daß an den Schmierstoff extreme Anforderungen bezüglich Haftfähigkeit, Trenn- und Druckaufnahmevermögen gestellt werden müssen.

Der sicherste Weg zur Erzielung riefen- und anfresserfreier Werkstücke, ist die Aufbringung von Schmierstoffträgerschichten. Das für die Edelstähle anwendbare Verfahren ist das Oxalieren, was jedoch mit hohem Aufwand, großen Kosten und starker Umweltbelastung verbunden ist.

Die Auswahl möglicher Schmierstoffe, die auch ohne Trägerschicht ausreichendes Haft- und Trennvermögen aufweisen, sollte zunächst im Modell - dem Streifenziehversuch - erprobt werden.

Die ausgewählten Schmierstoffe lassen sich grob in vier Gruppen einteilen:

1. synthetische Polyäthylen-Wachse, die nach dem Verdunsten des jeweiligen Lösungsmittels auf dem Werkstück einen festen Schmierstofffilm ergeben,

2. Reaktionsschicht bildende, flüssige Schmierstoffe, z.B. Mineralöle mit EP-Zusätzen+),

3. hochviskose Dispersionen von Feststoffen,

4. Polar wirkende Flüssig-Schmierstoffe.

Eine vollständige Liste der verwendeten Schmierstoffe ist im Anhang in Tabelle 8 aufgeführt.

Von Anfang an stand bei den Untersuchungen fest, daß das Problem der großen Adhäsionsneigung durch eine geeignete Schmierstoffauswahl allein nicht zu überwinden war. Es wurden deshalb auch Überlegungen angestellt, wie durch spezielle Werkzeugwerkstoffe, bzw. Werkzeugoberflächenbehandlungen die chemische Verwandtschaft von Werkzeug- und Werkstückwerkstoff vermieden und damit auch die Kaltverschweißneigung entscheidend gesenkt werden könnte.

Die im Abschnitt 2.2 beschriebenen Werkzeugwerkstoffe bzw. Oberflächenbehandlungsverfahren werden deshalb ebenfalls mit in das Versuchsprogramm beim Streifenziehen einbezogen.

5.1 Streifenziehversuch

Dieser Modellversuch soll die tribologischen Größen simulieren, die den Umformvorgang Abstreckgleitziehen charakterisieren.

Aufbau und Funktionsweise des Versuchswerkzeuges wurden bereits ausführlich im Kapitel 3 erläutert.

Aus den gemessenen Quer- und Längskräften läßt sich in Verbindung mit der vorliegenden Geometrie der Umformzone der Reibwert f_r und die mittlere Flächenpressung berechnen. Aus der Aufstellung des Kräftegleichgewichtes ergeben sich nach [30] die folgenden Bestimmungsgleichungen:

+) EP = extreme pressure

$$f_r = \frac{\frac{F_Z}{2F_Q} - \tan\alpha}{1 + \frac{F_Z}{2F_Q}\tan\alpha}$$

und

$$p_m = \frac{F_Z \tan\alpha}{(\tan\alpha + f_r)\cdot b\cdot s} = \frac{2F_Q \sin\alpha\cos\alpha + F_Z \sin^2\alpha}{b\cdot s}$$

In beiden Gleichungen taucht als bestimmende Größe der halbe Schulteröffnungswinkel α des Ziehspalts auf. Die Bestimmung dieses Wertes ist mit erheblichen Schwierigkeiten verbunden. Erstens liegen, wie bereits erwähnt, Ziehbacken mit mehrfach geneigter Ziehfläche, also wechselnden Schulteröffnungswinkeln vor, was dazu führt, daß auch abhängig von der jeweiligen relativen Blechdickenabnahme andere der verschieden geneigten Flächen belastet werden. Zweitens ist aber auch während der Versuche mit einer unterschiedlich starken Abplattung der Werkzeuge zu rechnen und zwar abhängig von der Belastung. Der unmittelbare Vergleich verschiedener Werkzeugwerkstoffe mit unterschiedlichem elastischem Verhalten ist damit sehr problematisch.

Für die vorliegenden Berechnungen wurde der folgende Weg zur Bestimmung von α beschritten: für jede Dickenabnahme wurde der sich einstellende Wert für α als Winkel zwischen der Verbindung von Ein- und Auslaufebene und der Ziehachse ermittelt.

Mit den geschilderten Versuchsbedingungen liegen geometrische Verhältnisse vor, die sich weder mit denen in [30] noch mit denen in [31, 32] vergleichen lassen, die zum Teil völlig anders gearteten Ergebnisse speziell in bezug auf die Kurvenverläufe bei der Darstellung $f_r = f(\varepsilon_s)$ und $p_m = f(\varepsilon_s)$ war damit zu erwarten.

Wie bereits in Abschnitt 3.1 beschrieben, wurden im wesentlichen zwei verschiedene Ziehbackengeometrien untersucht, in der ersten Gruppe, mit TiC-beschichteten Werkzeugen aus Kaltarbeitsstahl, wurden die beiden Formen I (0°, 10°, 20°) und II (0°, 3°, 10°, 15°) mit verschiedenen Schmierstoffen überprüft. Die Übergänge zwischen den einzelnen Winkeln wurden vor der Beschichtung sorgfältigst gerundet.

Die Ziehbacken aus den verschiedenen Ferrotitaniten entsprachen etwa der zweiten oben genannten Form. Hier lag nahezu keine 0°-Fläche vor, daran schlossen sich dann jeweils um 5° und 15° geneigte Flächen an, die Kanten waren fertigungsbedingt nicht so stark verrundet, so daß sich insgesamt eine unstetigere Form als bei den Ziehwerkzeugen der ersten Gruppe ergeben hat. Die nach der oben beschriebenen Methode berechneten halben Schulteröffnungswinkel entsprechen für die jeweiligen Umformgrade denen bei der Ziehbackenform II. Ähnliche Verhältnisse liegen in der dritten Gruppe bei den Aluminium-Mehrstoff-Bronzen vor. Die Ergebnisse für den Reibwert f_r und die mittlere Flächenpressung p_m sollten also vergleichbar sein, einzige abweichende Form ist somit die in der ersten Gruppe benutze mit 0°, 10°, 20° (Form I) halben Öffnungswinkeln.

Bei den Versuchen wurden je Parameter, also für jede Dickenabnahme, mindestens zwei Proben gezogen. Die Auswertung hat für einige Schmierstoffe und Werkzeugwerkstoffe bei der jeweiligen zweiten Probe eine deutliche Zunahme im Reibwert ergeben. Dies entspricht den in [31, 32] gemachten Beobachtungen, wonach mit zunehmender Reibweglänge die Anfressungen zunehmen. Es muß sich hierbei nicht unbedingt um sichtbare Kaltverschweißungen handeln, wesentlich jedoch ist der notwendige zusätzliche Anteil an Scherarbeit, der sich nach [17, 19] in einem Anstieg des Reibungskoeffizienten μ äußert; der hier ermittelte Reibwert f_r ist dem Reibungskoeffizienten direkt vergleichbar. Diese verstärkte Adhäsionsneigung mit zunehmender Reibweglänge spiegelt sich auch im Gesamtkurvenverlauf $f_r = f(\varepsilon_s)$ in ausgeprägten Steigungen wieder.
Die in den folgenden Abschnitten zu zeigenden Darstellungen wurden aus den berechneten Werten f_r und p_m als Polynome dritten Grades nach der Methode der kleinsten Fehlerquadrate ermittelt. Um im einzelnen noch eine übersichtliche Darstellung zu erzielen, wurde auf die Wiedergabe der berechneten Punkte verzichtet. Das Streuband für die gezeigten Kurven läßt sich aber anhand der angegebenen Korrelationskoeffizienten abschätzen.

5.1.1 Reibungsverhältnisse bei Einsatz von TiC-beschichtetem Kaltarbeitsstahl

5.1.1.1 Ergebnisse für unterschiedliche Schmierstoffe

Für die Kombination 1.2601/TiC als Ziehbackenwerkstoff und unterschiedliche Schmierstoffe ergeben sich allgemein ähnliche Kurvenverläufe mit einem mehr oder weniger ausgeprägten Minimum des Reibwertes bei ε_s = 0,25 bis 0,3 (Bild 16). Es fällt das allgemein sehr niedrige Niveau des Reibwertes auf, was auf der anderen Seite aufgrund der Geometrie und dem daraus resultierenden Kräftediagramm allerdings zu sehr hohen mittleren Flächenpressungen p_m führt. Das ausgeprägte Kurvenminium beim Reibwert bzw. Maximum bei p_m ist z.T. auf die gewählte Ziehbackenkontur zurückzuführen. Bei etwa 33 % relativer Blechdickenabnahme kommt die um 10° geneigte Fläche zum Einsatz und bewirkt durch die sich ergebenden größeren Schulteröffnungswinkel auch einen Anstieg im errechneten Wert f_r. Andererseits scheint aber auch der tatsächlich herrschende Reibungszustand mit größeren Schulteröffnungswinkeln ungünstiger zu werden, wie auch die Ausführungen im Abschnitt 5.1.1.2 noch zeigen sollen. Die Lage des Minimums und das Aussehen der Kurve $f_r = f(\varepsilon_s)$ ist für die Beurteilung des Schmierstoffs wesentlich. Bezieht man die im Bild 17 gezeigten maximal erreichbaren relativen Blechdickenabnahmen mit in die Beurteilung ein, so zeigt sich,daß flache, langgezogene Kurvenzüge mit weit rechts liegenden Minima wohl die günstigsten Bedingungen wiedergeben. Dies trifft im vorliegenden Fall für die Schmierstoffe TMW 12, D 1622, Wachs V, D 3003 und bedingt auch Thredkut 350 zu. Alle genannten Schmierstoffe führen zu niedrigen Reibwerten f_r zwischen 0,04 und 0,08 sowie großen maximalen relativen Blechdickenabnahmen von etwa 40% bis 50%.

Geringfügige Anfressungen wurden bei der Verwendung von TMW 12 z.T. an den Randzonen der Streifen beobachtet, diese Kaltverschweißungen sind aber auf unvollständige Bewachsung im Bereich des Schneidgrates zurückzuführen.

Die stark schwankenden Kurvenverläufe mit ausgeprägtem Maximum und Minimum spiegeln das schlechte Abschneiden der übrigen Schmierstoffe wieder. Mit den Produkten DHTS, D600, Th 991,

Th 700 konnten auch nur geringe relative Blechdickenabnahmen z.T. unter 30% erzielt werden, zudem trat hier auch die oben bereits erwähnte Zunahme des Reibwertes mit zunehmender Reibweglänge-also bei der zweiten Probe - auf.

5.1.1.2 Einfluß der Ziehbackengeometrie

In den Bildern 18 und 19 sind die beim Streifenziehen auf Ziehbacken der Form I gewonnenen Ergebnisse wiedergegeben.Es fällt auf, daß sich zwar Bereichsweise gegenüber den vorherigen Ergebnissen niedrigere Reibwerte ergeben. Allgemein liegen die ermittelten Kurven jedoch bei höherem f_r. Die erzielbaren relativen Blechdickenabnahmen sind z.T.größer als unter Verwendung der Werkzeuge mit der Form II,andererseits tritt jedoch in starkem Maß Werkstoffübertrag auf und die Kurven $f_r = f(\varepsilon_s)$ weisen die ungünstigere Form mit starken Schwankungen im Reibwert auf. Die ermittelten mittleren Flächenpressungen sind ebenfalls um durchschnittlich 100 bis 200 N/mm^2 höher als bei vergleichbaren Umformgraden mit Ziehbacken der Form 0°, 3°, 10°, 15°.
Eine Einordnung der Schmierstoffe ergibt etwa die gleiche Rangfolge wie im ersten untersuchten Fall. Die im Balkendiagramm Bild 19 verzeichneten Anfressungen bei Verwendung von TMW 12 traten wieder vorwiegend in der Randzone auf, wie auch das Bild 20 zeigt.

5.1.1.3 Einfluß der Streifengeometrie und der Ausgangsfließspannung

In einigen Stichversuchen sollte überprüft werden, welchen Einfluß die Streifendicke und die Ausgangsfestigkeit der Proben auf den Reibungszustand haben. Ein Teil der Proben wurde zu diesem Zweck auf 2mm Dicke abgewalzt und z.T. rekristallisierend geglüht, z.T. aber auch im vorverfestigten Zustand gezogen.
Die im Bild 21 zusammengestellten Ergebnisse für den Schmierstoff D 1622 zeigen deutliche Unterschiede im Reibverhalten der einzelnen Proben. Mit dünner werdender Streifenausgangsdicke ist eine Zunahme des Reibwertes f_r zu verzeichnen. Der

nochmalige Anstieg von f_r im Fall der geglühten dünnen Proben ist wahrscheinlich auf die von der Glühung herrührende Oxidschicht auf dem Streifen zurückzuführen.
Die für verschiedene Streifendicken ermittelten Werte lassen sich direkt nicht miteinander vergleichen, weil sich beim Ziehen nicht mehr die gleichen Schulteröffnungsinkel ergeben und geometrische Ähnlichkeit damit nicht gegeben ist. Wichtiger erschien es jedoch im vorliegenden Fall zu ermitteln, welche Verhältnisse beim Abstreckgleitziehen in den einzelnen Stadien zu erwarten sind, wenn die Wanddicke der Werkstücke abnimmt, die Geometrie der Werkzeuge sich bis auf den Innendurchmesser jedoch nicht ändert. Hier haben die Versuche ergeben, daß bei geringerer Werkstückdicke mit schlechteren Reibungsbedingungen zu rechnen ist.

5.1.1.4 <u>Einfluß der Ziehgeschwindigkeit</u>

Im Bild 22 wird für die beiden Schmierstoffe D 1622 und TMW 12 versucht, den Einfluß der Ziehgeschwindigkeit nachzuweisen.
In beiden Fällen sinkt durch die höhere Geschwindigkeit der Reibwert f_r im Bereich zwischen 20 % und 35 % relativer Dickenabnahme deutlich ab. Im Fall des Schmierstoffs TMW 12 ist dies unter anderem auch auf den gleichzeitigen Temperaturanstieg zurückzuführen, was zur Folge hat, daß der feste Wachsfilm schmilzt und bessere Schmierung erfolgt. Inwieweit die Temperatur auch beim Schmierstoff D 1622 einen Einfluß auf das Reibverhalten hat, war nicht nachzuweisen. Für alle untersuchten Schmierstoffe, deren Wirkungsweise auf chemischen Grenzflächenreaktionen beruht, ist jedoch eine Verbesserung mit steigenden Temperaturen zu erwarten, bei der Erörterung der Ergebnisse zum Abstreckgleitziehen soll hierauf nochmals eingegangen werden.
Generell kann aber auch ein direkter Einfluß der Geschwindigkeit nicht von vornherein verneint werden. So besteht bei der vorliegenden Werkzeuggeometrie die Möglichkeit, daß mit zunehmender Geschwindigkeit sich ein besserer Schmierkeil ausbildet und so mehr Schmierstoff in die Umformzone gefördert wird.

5.1.1.5 Bewertung der untersuchten Schmierstoffe

Unter allen in den vorgenannten Abschnitten untersuchten Bedingungen haben sich im wesentlichen vier Schmierstoffe beim Einsatz auf TiC-beschichteten Ziehbacken aus Kaltarbeitsstahl bewährt. Sieht man von den Kaltverschweißungen in den Randzonen ab, die ja auf einer vermeidbaren, unvollkommenen Belegung mit Schmierstoff beruhen, so konnten die besten Ergebnisse mit dem synthetischen Wachs TMW 12 erzielt werden. Glatte, riefen- und kratzerfreie Streifen zeugen von einer optimalen Trennfähigkeit dieses Schmierstoffs und die hohen erzielbaren Blechdickenabnahmen sowie der niedrige Reibwert f_r deuten auf eine gute bis sehr gute Schmierwirkung hin. Ähnlich gute Ergebnisse wurden mit dem ebenfalls synthetischen Wachs V erzielt. Die Oberflächenspannung der flüssig aufgetragenen Lösung scheint geringer zu sein als bei der TMW 12-Emulsion, so daß auch Schneidkanten besser benetzt werden. Dies führt dazu, daß bei diesem Schmierstoff auch in den Randzonen der Streifen keine Kaltverschweißungen auftraten. Insgesamt ist die Haftfähigkeit dieses getrockneten Wachses auf der Werkstückoberfläche aber nicht so gut wie im Fall des TMW 12. Nach der Umformung war der Schmierstofffilm z.T. aufgerissen, was zu den gegenüber TMW 12 geringeren maximalen relativen Blechdickenabnahmen und teilweise riefigen Oberflächen führte.
Von den flüssigen Schmierstoffen haben sich insbesondere D 1622 und D 3003 bewährt, in beiden Fällen wurden glänzende Probenoberflächen mit sehr feinen, eng aneinanderliegenden durchgehenden Riefen in Ziehrichtung erzielt. Dies deutet auf einen innigen Kontakt zwischen Werkzeug und Werkstück hin, also keine vollständige Trennung durch den Schmierstoff. Regelrechter Werkstoffübertrag konnte jedoch nicht festgestellt werden.

5.1.2 Reibundverhältnisse bei Einsatz von Ziehbacken aus Ferrotitaniten

Im folgenden wurden verschiedene Ferrotitanite auf ihre Tauglichkeit als Werkzeugwerkstoffe untersucht. Ausgehend von der Tatsache, daß die Werkstoffe dieser Gruppe sich durch einen hohen Verschleißwiderstand auch in Verbindung mit Edelstählen auszeichnen, wurden zwei flüssige Schmierstoffe ausgewählt, die zwar bei den im Abschnitt 5.1.1 beschriebenen Versuchen nicht zu besten Ergebnissen geführt hatten, in ihrer Handhabung aber sehr einfach sind. Im Fall des Schmierstoffs H 3 kamen noch die Empfehlungen des Herstellers der Ferrotitanite hinzu, wonach mit EP-Zusätzen legierte Mineralöle gute Ergebnisse erbracht haben.

5.1.2.1 Ergebnisse mit dem Schmierstoff D 1622

Die im Bild 23 wiedergegebenen Kurven zeigen deutlich, daß die ermittelten Reibwerte f_r auf einem höheren Niveau liegen, als die vergleichbaren Werte für TiC-beschichtete Ziehbacken aus Kaltarbeitsstahl. Dies ist inbesondere im Fall des TiC-beschichteten Werkstoffs WFN verwunderlich, da hier vom Aufbau her gleiche Grenzschichten zum Einsatz kommen. Eine mögliche Erklärung könnte die Mikrogeometrie der Werkzeugoberflächen sein, da hierüber aber keine vergleichenden Messungen vorliegen, können keine nähere Aussagen gemacht werden. Außerdem spielt die Aufbringung der TiC-Schicht eine Rolle. So deuten Abplatzungen der Beschichtung im Fall des Ferrotitanits WFN auf Fehler bei der CVD-Behandlung hin. Trotz der hohen ermittelten Reibwerte - die im übrigen auch wesentlich höher als bei den unbeschichteten Ziehbacken aus dem Werkstoff WFN liegen - konnten gleich große relative Blechdickenabnahmen wie unter sonst gleichen Bedingungen mit TiC-beschichtetem Kaltarbeitsstahl ohne Anfressungen erzielt werden (Bild 25). Ähnlich gute Ergebnisse bezüglich der Vermeidung von Kaltverschweißungen wurden mit unbeschichtetem WFN, WFN in der Ausführung KKM, Nikro 292 nitriert und C-Spezial erzielt. In allen Fällen beträgt die erreichte maximale relative Blechdickenabnahme etwa 40 % und liegt damit etwas niedriger als bei TiC-beschichteten Werkzeugen, sowohl aus Ferrotitanit WFN als auch aus Kaltarbeitsstahl.

Alle genannten Werkstoffe führen im Streifenziehversuch zu der günstigeren flachen Kurvenform beim Reibwert f_r, mit Ausnahme der beiden beschichteten bzw. oberflächenbehandelten Werkstoffe WFN-TiC und Nikro 292 nitriert, die beide trotz ungünstiger, stark ansteigender Reibwerte zu guten Ergebnissen geführt haben.

5.1.2.2 Reibungsverhältnisse beim Einsatz des Schmierstoffes H3

Die mit dem Schmierstoff H 3 gewonnenen Ergebnisse fallen gegegenüber denen mit D 1622 stark ab. Zwar sind die Reibwerte größenordnungsmäßig vergleichbar (Bild 24), auch wurden z.T. ähnliche relative Blechdickenabnahmen erreicht (Bild 25), in allen Fällen traten jedoch Werkstoffüberträge,und zwar in recht starkem Maß auf (Bilder 26). Eine gewisse Ausnahme bilden hier nur die Werkstoffe C-Spezial, WFN A 2, WFN und Nikro 292, bei denen Kaltverschweißungen lediglich in der Randzone auftraten, bedingt also durch noch vorhandenen Schneidgrat an den Probestreifen und damit schlechte Schmierstoffhaftung. Die für diese Werkstoffe ermittelten Reibwerte liegen auch im unteren Bereich des gesamten Streubandes, etwa zwischen $f_r = 0{,}08$ und 0,1. Die erreichten relativen Blechdickenabnahmen sind mit etwa 47 % im Fall der beiden Werkstoffe C-Spezial und WFN A 2 ebenfalls als gut zu bezeichnen. Diese Aussagen decken sich wiederum mit den Beobachtungen bei zunehmender Reibweglänge; in allen Fällen, wo lediglich Anfresser in der Randzone aufgetreten sind, bleibt f_r über dem untersuchten Reibweg konstant. Bei den übrigen Werkstoffen ist dagegen eine deutliche Zunahme des Reibwertes für die jeweilige zweite Probe festzustellen, analog der starken Tendenz zum Werkstoffübertrag.

5.1.2.3 Bewertung der Schmierstoffe und Werkzeugwerkstoffe

Die Untersuchung mit unterschiedlichen Ferrotitaniten als Ziehbackenwerkstoffe haben ergeben, daß von den beiden eingesetzten Schmierstoffen lediglich der D 1622 bedingt einsetzbar ist. Ein anderer Schmierstoff hätte auch hier sicherlich zu noch besseren Ergebnissen geführt. Von den verschiedenen Werkstoffen haben sich verschiedene WFN-Güten, der GU 30, sowie C-Spezial sehr gut bewährt. Eine Beschichtung mit TiC hatte beim Werkstoff WFN zwar sehr hohe Reibwerte f_r zur Folge, führte aber gleichzeitig auch zu hohen maximal erreichbaren Umformgraden, so daß sich auch hier die CVD-Beschichtung im großen und ganzen wiederum bewährt hat, während durch Nitrieren des Nikro 292 keine nennenswerten Verbesserungen erzielt werden konnten. Eine weitere Auswahl bezüglich geeigneter Schmierstoffe erscheint allgemein jedoch noch wünschenswert.

5.1.3 Reibungsverhalten bei Einsatz von Ziehbacken aus Aluminiummehrstoffbronzen

In diesem dritten und letzten Versuchsabschnitt zum Streifenziehen wurden zwei verschiedene Al-Mehrstoffbronzen als Ziehbackenwerkstoffe mit unterscheidlichen Schmierstoffen untersucht. Wie im Abschnitt 2.2.3 beschrieben, wurden die beiden Werkstoffe AMPCO Grad 22 und Grad 25 ausgewählt, auf Versuche mit dem neueren Werkstoff Grad 26 geschmiedet mußte aus Zeitgründen verzichtet werden.

In allen untersuchten Parameterkombinationen wurden gegenüber den bisherigen Ergebnissen sehr hohe Reibwerte f_r ermittelt, Werkstoffübertrag konnte jedoch nicht festgestellt werden. Im einzelnen sind die Ergebnisse im nächsten Abschnitt festgehalten.

5.1.3.1 Ergebnisse für unterschiedliche Schmierstoffe und zwei Ziehbackenwerkstoffe

In den Bildern 27 und 28 sind die aus den gemessenen Kräften berechneten Werte f_r und p_m für die beiden Werkstoffe AMPCO Grad 22 und 25 aufgetragen. Auffallend ist bei beiden Werkstoffen neben den hohen absoluten Werten für f_r der stark schwankende Verlauf für den Reibwert. Abweichende Kurvenverläufe ergeben sich für die Schmierstoffe D 1950, D 1950 HE, D 1622, D 3003. Die ermittelten Reibwerte f_r betragen etwa 0,17 bzw. 0,15 für A 22.

5.1.3.2 Bewertung

Wie das jeweilige Gesamtergebnis bei allen bisher untersuchten Schmierstoff- und Werkstoffkombinationen gezeigt hat, gibt ein langgestreckter, ausgeglichener Kurvenverlauf von

f_r in Abhängigkeit von ε_s günstige Bedingungen im Reibverhalten wieder. Diese Bedingung ist zumindest zum Teil für die Schmierstoffe D 1622, D 3003, D 1950 und D 1950 HE, sowie TMW 12 für den Werkstoff A 25 erfüllt. Die für den Werkstoff A 25 ermittelten Reibwerte liegen allgemein etwas über denen für A 22, für den vorgesehenen Einsatzzweck ist jedoch der erstgenannte Werkstoff zu bevorzugen, da dieser bei den vorliegenden Flächenpressungen durch seine höhere Druckfestigkeit nicht so stark abplattet. Darüber hinaus haben die vorausgegangenen Versuche gezeigt, daß weniger die absolute Größe des Reibwertes eine Rolle spielt, sondern daß Trennfähigkeit, Haftvermögen und Gleichmäßigkeit der Reibwerte wesentlicher sind. Diese Bedingungen sind für den Werkstoff A 25 und die oben genannten Schmierstoffe erfüllt.

5.1.4 Vergleichende Bewertung aller im Streifenziehversuch untersuchter Parameter

Im Bild 29 wurden noch einmal die Reibwerte f_r aufgetragen, die sich unter Verwendung zweier verschiedener Schmierstoffe auf den unterschiedlichen Ziehbackenwerkstoffen und -Ausführungen ergeben haben. Deutlich werden vor allen Dingen die erheblichen Unterschiede in den Reibwerten und erreichbaren maximalen Blechdickenabnahmen. Danach und nach den übrigen gewonnenen Erfahrungen liegen die günstigsten Reibverhältnisse auf TiC-beschichteten Ziehbacken aus Kaltarbeitsstahl vor und zwar bei der Form I. Ähnlich hohe Umformgrade ohne Werkstoffübertrag konnten noch auf TiC-beschichteten Ziehwerkzeugen aus Ferrotitanit erzielt werden, wenngleich hier bereits höhere Reibwerte berechnet wurden, was aber z.T. wohl auch auf ein unterschiedliches Abplattungsverhalten der Werkzeuge durch den höheren E-Modul, sowie bereits genannte Beschichtungsfehler bewirkt wurde.

Einen noch wesentlich stärkeren Einfluß auf die Berechnung von f_r und p_m dürfte die erhebliche Abplattung im Fall der Aluminium-Mehrstoffbronzen haben. So wurde bei diesen Werkzeugen bereichsweise eine erhebliche Einebnung der Werkzeugkontur durch plastische Deformation festgestellt. Durch diese sehr starke Veränderung der Werkzeugkontur wird die Berechnung der Werte f_r und p_m verfälscht, so daß wie bereits angedeutet, die Ergebnisse für verschiedene Werkzeugwerkstoffe nicht direkt vergleichbar sind. Die vergleichsweise niedrigen erzielbaren relativen Wanddickenabnahmen im Fall der Aluminium-Mehrstoffbronzen deuten aber ebenfalls auf sehr hohe Reibwerte für diese Werkstoffe hin.

Eine sichere Vermeidung von Werkstoffübertrag ist mit diesen Werkstoffen im untersuchten Bereich dagegen gewährleistet und zwar unabhängig vom verwendeten Schmierstoff.
Bei den übrigen Werkstoffen ist die Verwendung geeigneter Schmierstoffe dagegen überaus wichtig, um adhäsiven Verschleiß so gering wie möglich zu halten. Als wirkungsvoll und brauchbar haben sich im wesentlichen die untersuchten synthetischen Wachse sowie einige weitere Schmierstoffe wie D 1622 und D 3003 erwiesen. Adhäsiver Verschleiß in z.T. hohem Maß trat dagegen bei der Verwendung des Schmierstoffs H 3 auf.
Die im vorliegenden Fall auftretenden Temperaturen von Werkzeug und Werkstück, sowie auch die Spitzentemperaturen in der Reibzone reichen offenbar nicht aus, um die EP-Zusätze zur Reaktionsschichtbildung anzuregen.

5.2 Abstreckgleitziehen

Die bis hierher im Streifenziehversuch gewonnenen Erkenntnisse zum Reibungs- und Verschleißverhalten verschiedener Parameterkombinationen sollen im folgenden beim Abstreckgleitziehen untersucht werden. Auf den prinzipiellen Werkzeugaufbau wurde bereits im Abschnitt 3.2.1 ausführlich eingegangen.
In der Tabelle 9 ist der Arbeits- und Stadienplan für den durchgeführten Versuchsablauf aufgelistet. Es wurde in der Hauptsache in vier aufeinanderfolgenden Abstreckstufen umgeformt (s. auch Bild 10) und zwar jeweils Näpfe aus den Werkstoffen A und B.

In den beiden nachfolgenden Kapiteln werden zunächst die Ergebnisse behandelt, die auf den mit Dehnungsmeßstreifen beklebten Abstreckringen erzielt wurden.

5.2.1 Dehnungsmessungen an Ziehringen zum Abstreckgleitziehen

Die im folgenden vorgestellten Meßergebnisse sollen einen Eindruck von der radialen Matrizenbelastung in Abhängigkeit von Schmierstoff, Werkstückwerkstoff und Stempelgeschwindigkeit vermitteln. Es werden die Meßwerte jeweils des Dehnmeßstreifens vorgeführt, der in axialer Richtung etwa 4 mm vom Auslauf der Umformzone entfernt aufgeklebt war. Die Ergebnisse des Egalisierzuges und ersten Abstreckzuges sind nicht direkt vergleichbar, weil der Meßaufbau in den Umformstufen variiert wurde. Da aber mit diesem Meßverfahren keine quantitativen Aussagen über den Spannungszustand in der Umformzone gewonnen werden können, sondern anhand der Änderung des Meßbrückenabgleichs lediglich qualitativ die Aufweitung der Matrize aufgezeichnet wird, ist auch der qualitative Vergleich zwischen Egalisierzug I und erstem Abstreckzug möglich. Wie die Versuche gezeigt haben, läßt sich ein Geschwindigkeits-, Werkstoff- und Schmierstoffeinfluß nachweisen.

5.2.1.1 Ergebnisse des Egalisierzuges

Im Bild 30 wurden die gemessenen Dehnungen für unterschiedliche Schmierstoffe über der jeweiligen bezogenen Stempelkraft aufgetragen. Die Stempelgeschwindigkeit betrug in allen Fällen 6,6 mm/s. Es lassen sich die beiden synthetischen Wachse (TMW 12 und Wachs V) sowie die Schmierung mit Metallseife auf einer Oxalatschicht in eine Gruppe zusammenfassen. Die sich ergebenden Reibungsverhältnisse bei diesen als gut zu bezeichnenden Schmierstoffen sind durch folgende drei Kriterien gekennzeichnet:

- niedrige maximale bezogene Stempelkraft,
- niedrige maximale Dehnung des Ziehrings,
- bei vergleichbaren bezogenen Stempelkräften jedoch relativ hohe Dehnungen (gekennzeichnet durch einen sehr steilen Kurvenverlauf).

Betrachtet man die Kräfte, die sich aufgrund der Reibungsbedingungen einstellen, so läßt sich die im folgenden gemachte

Aussage treffen. Ein kleiner Reibwert im Bereich des Ziehrings führt zu kleinem F_{RR} und damit zu einer kleinen Kraftkomponente in radialer Richtung. Diese ist am Ziehring nach innen gerichtet und trägt somit zur Entlastung bei. Für gleiche Stempelkräfte und damit auch gleiche Flächenpressungen ergibt sich damit bei kleinem μ_R eine größere Dehnung am Ziehring. Auf die maximale bezogene Stempelkraft wirkt sich der Reibwert dagegen direkt proportional aus, so daß diese bei kleinem μ_R auch kleiner wird (s. a. Kräftediagramm im Bild 30).
Die beiden Schmierstoffe 3 und 5 (H 3 und D HTS) sind durch ein wesentlich höheres μ_R gekennzeichnet, wodurch sich zwar neidrigere Matrizendehnungen, dafür aber höhere maximale bezogene Stempelkräfte ergeben. Die maximale Ziehringbelastung findet hier in axialer Richtung statt.

Eine gewisse Zwischenstellung nimmt Schmierstoff 6 (D 1622) ein, bei dem noch akzeptable maximale Stempelkräfte bei sehr hohen Matrizendehnungen vorliegen. Dies mag auf starken stempelseitigen Werkstoffübertrag zurückzuführen sein, der bei diesem Schmierstoff beobachtet wurde. Dadurch steigt die Stempelreibung an und führt zu höheren Flächenpressungen und damit stärkerer Aufweitung des Ziehrings.

Alle hier vorgestellten Ergebnisse bezüglich des Reibungskoeffizienten μ_R lassen sich mit den Erkenntnissen des Streifenziehversuchs in Einklang bringen. Der im Streifenziehversuch ermittelte Reibwert f_r ist, wie bereits ausgeführt, grössenordnungsmäßig mit dem Reibungskoeffizienten μ_R zu vergleichen und die vorliegenden Ergebnisse stimmen in guter Näherung überein.

5.2.1.2 Ergebnisse im ersten Abstreckzug

Einfluß verschiedener Schmierstoffe: Ausgehend von einem Anfangsmartensitgehalt zwischen 6 und 10 Vol.-% wurden vorverfestigte Näpfe mit unterschiedlichen Schmierstoffen in einem weiteren Zug abgestreckt, die Ergebnisse der Dehnungsmessungen sind im Bild 31 wiedergegeben und zwar für die maximale Stempelgeschwindigkeit v_{St} = 6,4 mm/s.

Günstige Reibungsbedingungen sind auch hier wieder durch steile Kurvenverläufe (Schmierstoff 1-TMW 12, oxaliert + Metallseife) gekennzeichnet. Dagegen deuten flache, langgezogene Kurven auf ein hohes μ_R hin, wodurch die Stempelkräfte stark ansteigen (Schmierstoff 6 - D 1622). Relativ steile Kurven mit hohen maximalen Dehnungen treten auf, wenn stempelseitig Kaltverschweißungen aufgetreten sind, was bei den Schmierstoffen 3 und 9 (H3 und D 3003) im vorliegenden Fall besonders häufig aufgetreten ist.

Einfluß des Werkstückwerkstoffs: Im nächsten Bild 32 werden die Ergebnisse der Dehnungsmessungen für verschiedene Werkstoffzustände gezeigt. Es wurden im einzelnen die folgenden Bedingungen untersucht:

- Werkstoff A (instabil), vorverfestigt, 6 - 10 Vol.-% Ausgangsmartensitgehalt
- Werkstoff A, rekristallisationsgeglüht
- Werkstoff B (austenitstabil), vorverfestigt wie Werkstoff A

Vom Kurvenverlauf her läßt sich für die beiden untersuchten Schmierstoffe eine Verbesserung der Schmierbedingungen in folgender Reihenfolge feststellen: Werkstoff A vorverfestigt, Werkstoff B vorverfestigt, Werkstoff A geglüht. Die sich beim geglühten Werkstoff A ergebenden wesentlich geringeren bezogenen Stempelkräfte und Matrizendehnungen sind leicht mit dem hier vorliegenden weichen Ausgangswerkstoff zu erklären. Interessanter dagegen sind die Unterschiede, die sich zwischen den Werkstoffen A und B ergeben.

Für beide untersuchten Schmierstoffe ist sowohl die maximale bezogene Stempelkraft als auch die Aufweitung des Ziehrings für den Werkstoff B geringer als für den Werkstoff A. Der steilere Kurvenverlauf beim austenitstabilen 1.4301 deutet auf ein niedrigeres μ_R hin.

Einfluß der Werkstückoberfläche: Einen sehr großen Einfluß auf den sich einstellenden Reibungskoeffizienten hat auch die Ausgangsoberfläche der Werkstücke. Steile Kurvenverläufe und damit niedrigere Reibungskoeffizienten μ_R ergeben sich für rauhe Ausgangsoberflächen, wie man im Bild 33 sieht. Durch eine grosse Anzahl an Schmiertaschen an der Werkstückoberfläche, kann mehr Schmierstoff in die Umformzone gefördert werden, wodurch die Reibungsbedingungen eindeutig verbessert werden.

Diese günstigeren Verhältnisse lassen sich auf zwei Wegen erzielen. Einerseits führt der Schmierstoff TMW 12 durch die völlige Trennung von Werkzeug und Werkstück zu sehr narbigen Werkstückoberflächen, wie auch im Bild 2 bereits gezeigt wurde. Im nachfolgenden Abstreckzug liegen damit optimale Oberflächenbedingungen vor. Als weitere Möglichkeit bietet sich das Strahlen mit Glasperlen an. Dies wurde im folgenden insbesondere nach Zwischenglühungen durchgeführt und erzeugt Napfoberflächen, wie sie ebenfalls im Bild 5 bereits dargestellt wurden.

Einfluß der Stempelgeschwindigkeit: Zum Schluß soll auf den im Bild 31 für den ersten Abstreckzug dargestellten Einfluß der Stempelgeschwindigkeit eingegangen werden. Für unterschiedliche Schmierstoffe wurden die Dehnungen bei den Stempelgeschwindigkeiten v_{St} = 1,4 mm/s und 6,6 mm/s gemessen. Die maximalen bezogenen Stempelkräfte gehen mit steigender Stempelgeschwindigkeit z.T. erheblich zurück, wogegen die gemessenen max. Dehnungen nahezu konstand bleiben. Der Rückgang der Stempelkraft ist z.T. auf die bereits erläuterte bei höheren Geschwindigkeiten geringere Martensitbildung zurückzuführen. Daneben ändern sich jedoch auch die Reibungsverhältnisse. Durch die höhere Geschwindigkeit steigt vermutlich, insbesondere bei flüssigen Schmierstoffen, der Schmierstoffdurchsatz an, wodurch der Reibungskoeffizient sinkt, dies wurde beim Streifenziehen bereits auch für f_r nachgewiesen. Bei den vorliegenden Ergebnissen zeigt sich das Absinken von μ_R im insgesamt steileren Kurvenverlauf der Matrizenaufweitung als Funktion der bezogenen Stempelkraft.

5.2.1.3 Bewertung der untersuchten Schmierstoffe nach den bis hierher vorliegenden Ergebnissen

Bei den bisherigen Versuchen zum Abstreckgleitziehen wurden in zwei Abstreckzügen im wesentlichen die Schmierstoffe TMW 12 (1), Wachs V (2), H 3 (3), D HTS (5), D 1622 (6) und D 3003 (9) untersucht. Zu Vergleichszwecken wurden einige Werkstücke vor der Umformung oxaliert und mit Metallseife geschmiert. Ähnlich gute Schmierung wie mit diesem an sich bewährten, aber teuren und zeitraubenden Verfahren, wurden mit den beiden synthetischen Wachsen erzielt. Beide Schmierstoffe zeichnen sich durch niedrige Reibungskoeffizienten und damit geringe Stempelkräfte aus, sowie durch ihr ausgezeichnetes Haft- und Trennvermögen. Matrizenseitig wurde bei den Versuchen kein Werkstoffübertrag festgestellt. Geringe Kaltverschweißungen traten im ersten Abstreckzug bei der Verwendung von TMW 12 am Stempel bzw. an der Napfinnenseite auf - der Schmierstoff Wachs V war hier aus Zeitgründen nicht mehr im Programm enthalten. Der beobachtete adhäsive Verschleiß hat im wesentlichen zwei Gründe. Erstens wurde bei allen Versuchen, wie bereits erwähnt, mit unbeschichteten Stempeln gearbeitet, so daß hier kein zusätzlicher Schutz gegen Werkstoffübertrag vorhanden war, wie im titancarbidbeschichteten Ziehring. Zweitens wurde bei allen Umformstufen beobachtet, daß der Innendruchmesser der Näpfe nach dem Abstreckgleitziehen jeweils um 0,2 bis 0,5 mm kleiner war als vorher. Das hatte zur Folge, daß in der nächsten Abstreckstufe der Stempel bereits mit hoher Kraft in das Werkstück gefahren werden mußte und der feste Schmierfilm bei diesem Vorgang z. T. völlig abgekratzt wurde, wodurch dann an den ungeschmierten Werkstückflächen adhäsiver Verschleiß auftreten konnte.

Im übrigen wiesen die Werkstücke an der der Matrize zugewandten Seite auch nach der Umformung noch einen geschlossenen, festhaftenden Schmierfilm auf.

Von den weiterhin untersuchten flüssigen Schmierstoffen können lediglich D 3003 und insbesondere D 1622 als nur bedingt tauglich eingestuft werden. Beide Schmierstoffe führen besonders bei vorverfestigten Werkstoffen infolge der höheren Flächenpressung zu höheren Reibungskoeffizienten und damit größeren Stempelkräften, auch steigt die Zahl der beobachteten Anfressungen, die vorwiegend am unbeschichteten Stempel auftraten.

Bei allen untersuchten Flüssigschmierstoffen wurde ein eklatanter Einfluß der Werkstückoberfläche und der Stempelgeschwindigkeit auf die Schmier- und Trennfähigkeit nachgewiesen. So sind diese Produkte aufgrund der gegenüber den Wachsen beobachteten schlechteren Haftung an der Werkstückoberfläche - auch während der Umformung - auf eine Vielzahl an Poren in der Napfoberfläche angewiesen. Eine solche rauhe Oberfläche ist jedoch naturgemäß bei der vorliegenden stark werkzeuggebundenen Umformung durch Abstreckgleitziehen über mehrere Stufen kaum zu erreichen. Lediglich bei Verwendung der getesteten festen Schmierstoffe bildet sich, wie bereits erwähnt, eine matte Oberfläche mit zahlreichen mechanischen Verankerungsmöglichkeiten aus. Andernfalls muß in Zwischenschritten die Oberfläche z.B. durch Sandstrahlen künstlich aufgerauht werden.

Der starke Einfluß der Geschwindigkeit bei den flüssigen Schmierstoffen - insbesondere dem untersuchten Mineralöl mit EP-Zusätzen (H 3) - ist auf die geringere Verfestigung des Werkstückwerkstoffs, den besseren Schmierstofftransport und auf besseres chemisches Reaktionsvermögen der EP-Komponenten bei höheren Temperaturen durch höhere Stempelgeschwindigkeiten zu erklären

5.2.2 Ergebnisse weiterer Abstreckzüge mit titancarbidbeschichteten Werkzeugen aus Kaltarbeitsstahl

Bei den weiteren Umformstufen des in Tabelle 9 enthaltenen Arbeitsplanes zum Abstreckgleitziehen wurden lediglich die jeweiligen Kraft-Weg-Verläufe der Stempelkräfte aufgezeichnet. Im folgenden werden die Ergebnisse anhand der maximalen

bezogenen Stempelkräfte diskutiert (Bilder 34, 35, 36).Diese geben Aufschluß über den sich einstellenden Reibungskoeffizienten μ_R. Als weiteres Bewertungskriterium für die untersuchten Schmierstoffe wurde der adhäsive Verschleiß, beurteilt anhand der erzielten Werkstückoberfläche, hinzugezogen.
Untersucht wurden die Schmierstoffe TMW 12 (1), D 1622 (6) und D 3003 (9), die sich in den vorausgegangenen Versuchen als brauchbar bei der Umformung der nichtrostenden austenitischen Stähle herausgestellt hatten. Die gewonnenen Erkenntnisse zeigen vor allen Dingen deutlich, daß mit fortschreitender Umformung, also abnehmender Wanddicke der anteilige Einfluß der Reibung und des Verschleißes auf die gesamten Umformbedingungen immer größer wird und sich Unterschiede bei den verwendeten Schmierstoffen immer deutlicher zeigen. Aufgrund der im Abschnitt 5.1.1.3 dargestellten Ergebnisse war dies jedoch bereits zu erwarten. Im übrigen konnten die im Streifenziehversuch und den vorausgegangenen beiden Abstreckzügen mit Dehnungsmesssung gewonnenen Ergebnisse beim zweiten und dritten Abstreckzug bestätigt werden. Auch hier wurden optimale Werkstücke mit dem synthetischen Wachs TMW 12 hergestellt. Besonders hervorgehoben sei die Tatsache, daß es im zweiten Abstreckzug gelang, noch ungeglühte Werkstücke ohne adhäsiven Verschleiß umzuformen, was mit den beiden anderen Schmierstoffen bereits nicht mehr möglich war; die zu übertragenden bezogenen Stempelkräfte wurden hier so hoch, daß die Werkstücke im Bereich der Wand gerissen sind. Ebenfalls nur mit dem Schmierstoff 1 konnten geglühte Werkstücke unter Umgehung der ersten Abstreckstufe direkt im zweiten Abstreckzug umgeformt werden, wobei immerhin eine relative Wanddickenreduktion von etwa 40 % durchgeführt wurde.
Im dritten Abstreckzug mit einer erzielten Wanddicke der Werkstücke von 1,4 mm konnten dann nur noch geglühte Werkstücke umgeformt werden, weil die von der Napfwand zu übertragenden Kräfte auch bei niedrigen Reibungskoeffizienten μ_R zu groß wurden.

Werkstoffübertrag bei Verwendung der beiden flüssigen Schmierstoffe D 1622 und D 3003 wurden in zunehmenden Maße festgestellt, obwohl zum Schluß fast ausschließlich Näpfe, die nach der Wärmebehandlung gestrahlt wurden, zum Einsatz kamen. Beim Schmierstoff 6 wurden extrem hohe bezogene Stempelkräfte gemessen, die in der Folge dazu führten, daß sich die Werkstücke regelrecht im Werkzeug festsetzten bis dann Bodenreißer auftraten. Dies ist vermutlich auf einen starken Anstieg des Reibungskoeffizienten μ_R zurückzuführen, dessen Gründe wiederum in der Bildung von Schweißbrücken zu suchen sind. Deutlicher Werkstoffübertrag ließ sich nach Ausbau der Werkzeuge jedoch nicht mehr nachweisen, weil die für die Trennung der Kaltverschweißungen notwendige Relativbewegung zwischen Werkstück und Werkzeug fehlte.

Bei der Verarbeitung des austenitstabilen Werkstoffs B wurden in stärkerem Maße Kaltverschweißungen besonders an der Napfinnenseite beobachtet. Auf den ersten Blick scheint dieses Verhalten widersprüchlich zu sein, zumal doch bei den Versuchen mit Dehnungsmessungen an den Ziehringen der Werkstoff B zu Kurvenverläufen geführt hat, die auf einen besseren Reibungskoeffizienten μ_R als bei Verwendung von Werkstoff A hinweisen. Die allgemein niedrigeren bezogenen Stempelkräfte beim Umformen von Werkstoff B lassen auf günstigere Reibungsbedingungen auch an der Stempelseite schließen. Die beobachtete stärkere Neigung zum Werkstoffübertrag muß beim Werkstoff B andere Ursachen haben, möglicherweise spielt ein verändertes Fließverhalten hier eine entscheidende Rolle. Beim instabilen Werkstoff A führt die Martensitbildung in den Randzonen zu einer stärkeren Verfestigung und höherer Härte, wodurch der adhäsive Verschleiß vermutlich geringer war.

5.2.3 Abstreckgleitziehen mit Werkzeugen aus Sinterhartstoffen (Ferrotitanite)

In einem letzten Versuchsabschnitt wurden im Egalisierzug zwei Werkzeuge aus Ferrotitaniten erprobt. Bei beiden Versionen waren sowohl Ziehring als auch Stempel aus dem jeweiligen Werkstoff gefertigt. Untersucht wurden die Sinterhartstoffe Nikro 128 nitriert und WFN titancarbidbeschichtet. Aufgrund der vorliegenden Innendurchmesser der armierten Ziehringe

wurden relative Wanddickenabnahmen erzielt, die einen Vergleich mit dem Egalisierzug II bei TiC-beschichteten Ziehringen aus Kaltarbeitsstahl zulassen. In den Bildern 34 und 35 sind die bezogenen Stempelkräfte, die sich bei Versuchen mit dem Schmierstoff D 1622 (6) ergeben haben, aufgetragen. Ein Vergleich mit den Ergebnissen auf TiC-beschichteten Werkzeugen aus Kaltarbeitsstahl zeigt, daß nahezu die gleichen bezogenen Stempelkräfte vorliegen, lediglich in der Tendenz geringfügig niedriger als bei den ursprünglich benutzten Werkzeugen. Ebenfalls etwas niedrigere Stempelkräfte haben sich bei den Versuchen mit dem Schmierstoff TMW 12 (1) auf nitriertem Werkzeug aus Nikro 128 ergeben.
Der beobachtete adhäsive Verschleiß lag - insbesondere mit dem Schmierstoff D 1622 (6) - im Rahmen dessen, was auch bei vorausgegangenen Versuchen ermittelt wurde. Man kann also davon ausgehen, daß für Werkzeuge aus Ferrotitaniten ähnliche Reibverhältnisse angesetzt werden können, wie für die vorher untersuchten TiC-beschichteten Ziehringe aus dem Werkstoff 1.2601. Ein weitergehender Vergleich, auch mit den Ergebnissen der durchgeführten Messungen beim Streifenziehversuch, ist hier nicht möglich, weil nicht genügend Versuche, insbesondere auch mit Dehnungsmessungen an der Matrize, durchgeführt wurden.

6 Zusammenfassung

Am Versuchswerkstoff 1.4301 - einem austenitischen Edelstahl vom Typ X 5 CrNi 18 9 - wurden Untersuchungen zum Abstreckgleitziehen durchgeführt, mit dem Ziel, weitergehende Erkenntnisse über das tribologische Verhalten und die Gefügeumwandlungen bei diesem Werkstoff zu erhalten.
Für die Beurteilung unerwünschter Gefügeumwandlungen - Martensitbildung als Folge von Umformvorgängen - wurden Werkstücke aus zwei im Nickelgehalt unterschiedlichen Chargen des Werkstoffs X 5 CrNi 18 9 näher untersucht. Der bereits bekannte Einfluß der Legierungszusammensetzung auf die Austenitstabilität der untersuchten Werkstoffe konnte bestätigt werden.
Darüber hinaus wurde gezeigt, daß die geeignete Wahl der Umformbedingungen, in diesem Fall insbesondere der Stempelgeschwindigkeit, zu nahezu martensitfreien Werkstücke führt,

auch bei stark instabilem Ausgangswerkstoff. Der Einfluß der Stempelgeschwindigkeit beruht auf einer Anhebung der Werkstücktemperatur durch kurzen Werkzeugkontakt bei höheren Stempelgeschwindigkeiten. Als weitere Einflußgrößen konnten die übrigen Wärmeabfuhrbedingungen durch Schmierstoffe und Werkzeugwerkstoffe ermittelt werden. Auch auf den Einfluß des Ausgangszustandes des Werkstückwerkstoffs wurde hingewiesen.

Bei den folgenden Untersuchungen zum tribologischen Verhalten der beiden eingesetzten Werkstoffe zeigte sich, daß geringe Martensitgehalte (bis etwa 10 Vol.-%) sich positiv auf das Verschleißverhalten auswirken. Im wesentlichen wurden jedoch die vom Werkzeugstoff und Schmierstoff ausgehenden Einflüsse auf das tribologische Verhalten des Systems "Umformen von austenitischem Edelstahl" untersucht. Die einzelnen Parameter sind zunächst im Modellversuch, dem Streifenziehen, überprüft worden. Die dabei gewonnenen Erkenntnisse konnten anschließend mit gutem Erfolg auf den eigentlichen Umformvorgang des Abstreckgleitziehens übertragen werden. Das Reibungs- und Verschleißverhalten für dieses Umformverfahren wurde soweit optimiert, daß zumindest bei den untersuchten geometrischen Werkstückabmessungen in Zukunft auf die Aufbringung einer Schmierstoffträgerschicht durch Oxalieren verzichtet werden kann. Eine sorgfältige Vorbehandlung der Werkzeuge durch Beschichten mit Titancarbid, sowie die Wahl gut haftender Schmierstoffe mit ausgezeichneten Trenneigenschaften ist jedoch notwendig. Inwieweit diese Erkenntnisse auch auf kleinere Werkstücke mit geringeren Wanddicken übertragen werden können, erscheint zumindest anhand der vorliegenden Ergebnisse fraglich und bedarf noch der Überprüfung.

7 Bildteil

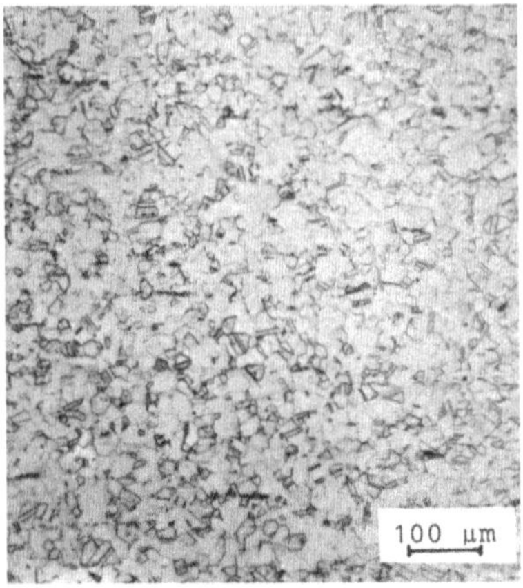

Bild 1a: Werkstoff A im Anlieferungszustand

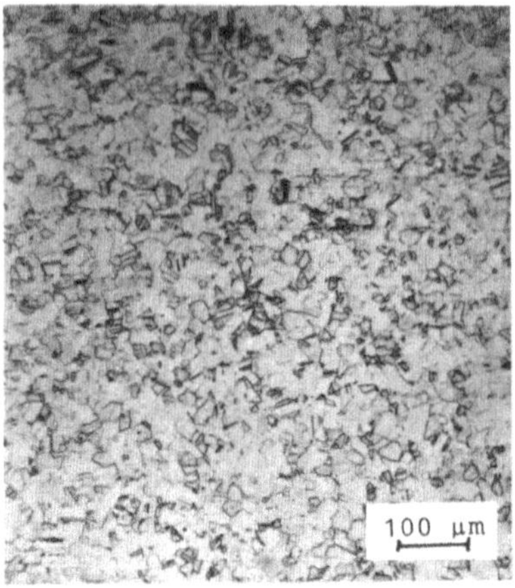

Bild 1b: Werkstoff A nach Vorverfestigung durch Walzen ε_s = 15 %

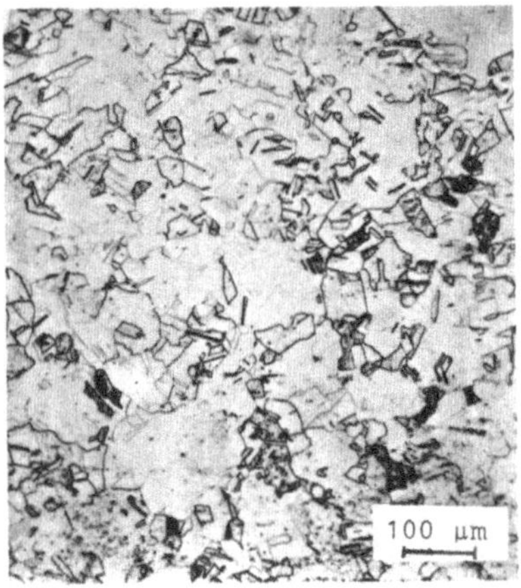

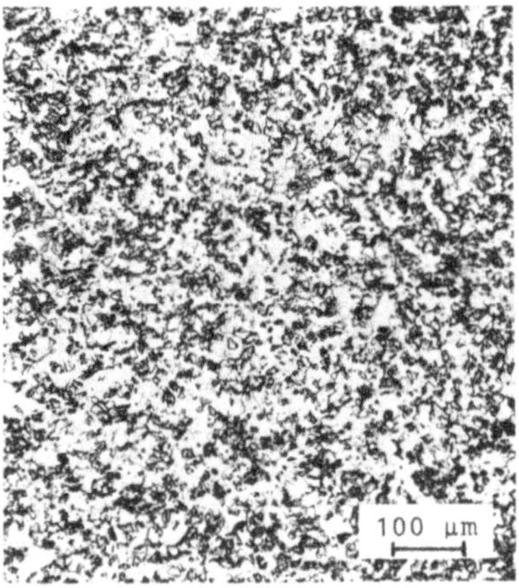

Werkstoff A, geglüht bei 950 C, Haltezeit 5 Minuten
vorausgegangene Umformung:
Bild 1c: ε_s = 5 %
Bild 1d: ε_s = 30 %

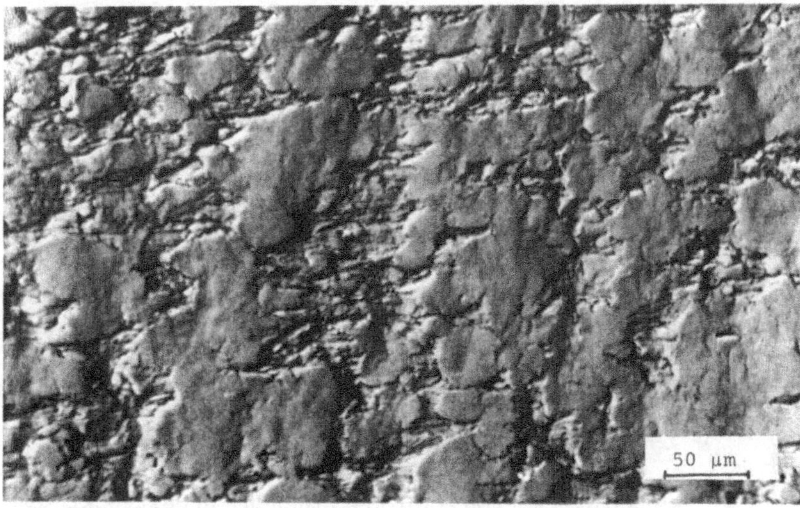

Bild 2a: REM-Aufnahmen von Napfoberflächen, abgestreckt mit dem Schmierstoff TMW 12 (Egalisierzug)

Bild 2b: REM-Aufnahmen von Napfoberflächen, abgestreckt mit dem Schmierstoff TMW 12 (3. Abstreckzug)

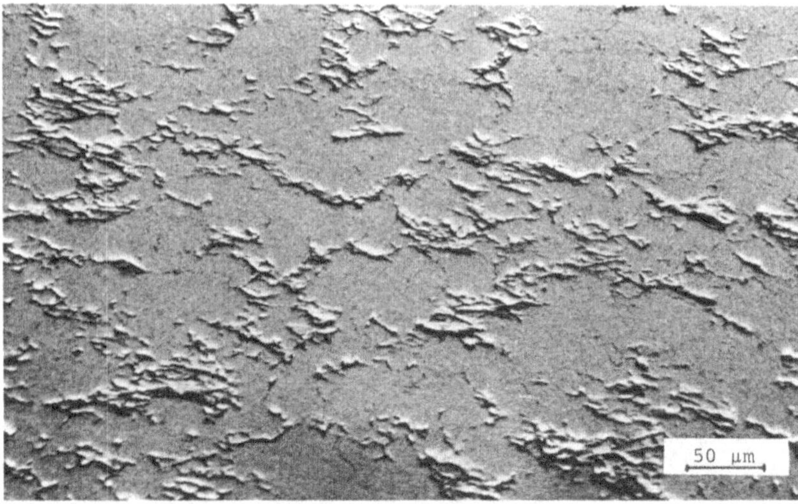

Bild 3a: REM-Aufnahmen von Napfoberflächen, abgestreckt mit dem Schmierstoff D 3003 (Egalisierzug)

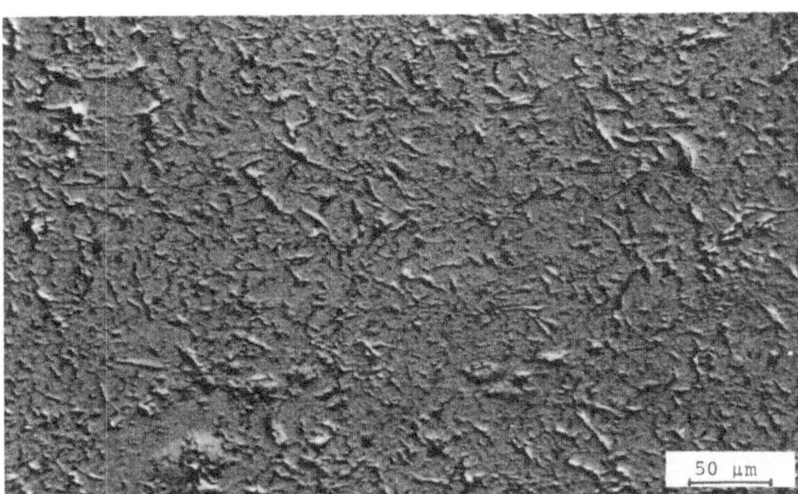

Bild 3b: REM-Aufnahmen von Napfoberflächen, abgestreckt mit dem Schmierstoff D 3003 (2.Abstreckzug)

Bild 4: REM-Aufnahmen von Napfoberflächen, abgestreckt mit dem Schmierstoff H 3

Bild 5: REM-Aufnahmen einer mit Glasperlen gestrahlen Werkstückoberfläche

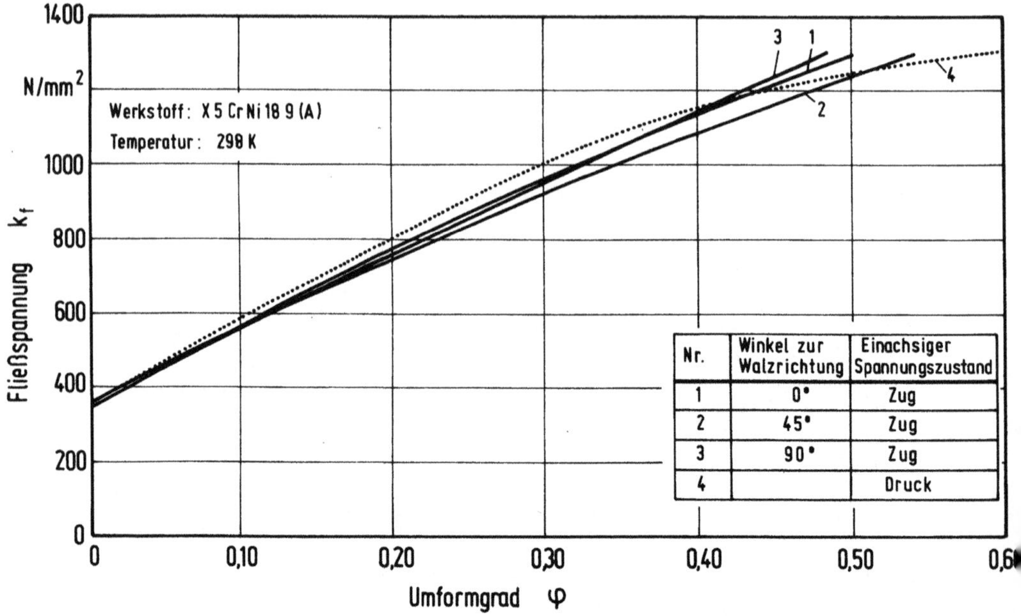

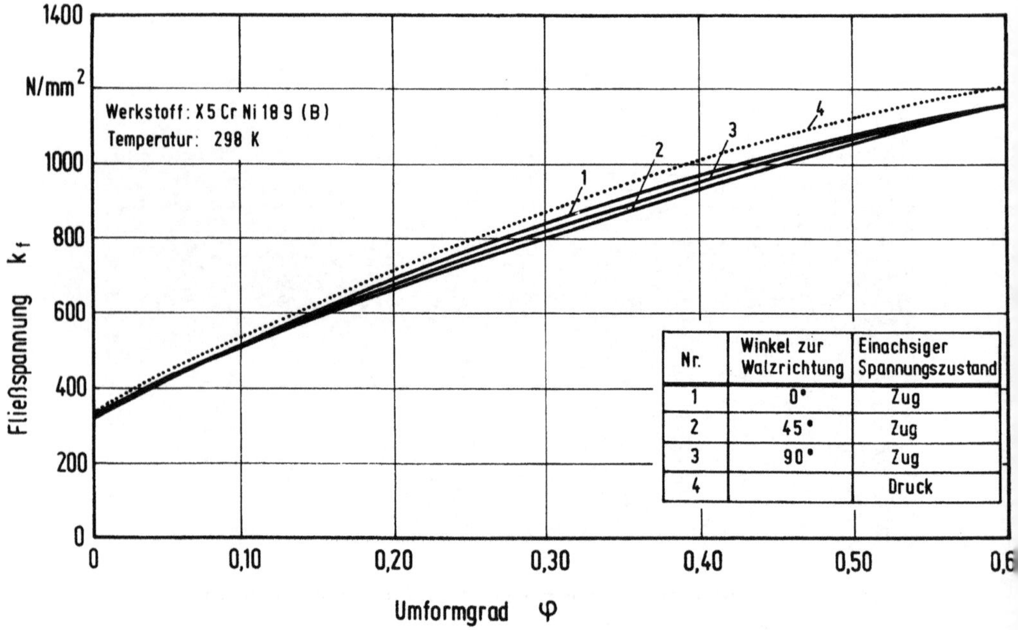

Bild 6: Fließkurven der untersuchten Werkstoffe A und B
(nach R.Zeller [1])

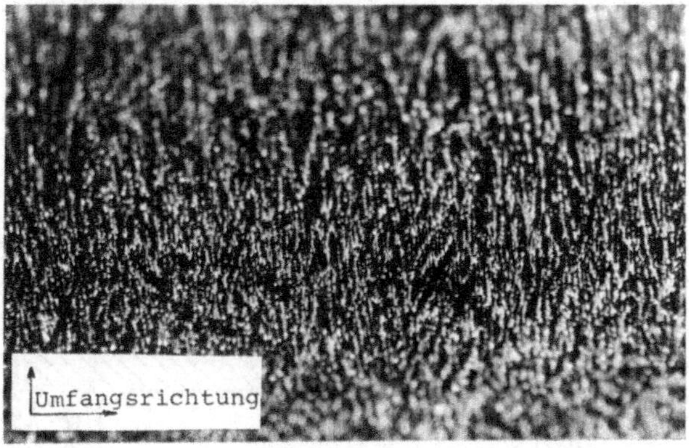

Bild 7a: Makroaufnahme der TiC-beschichteten Ziehringoberfläche

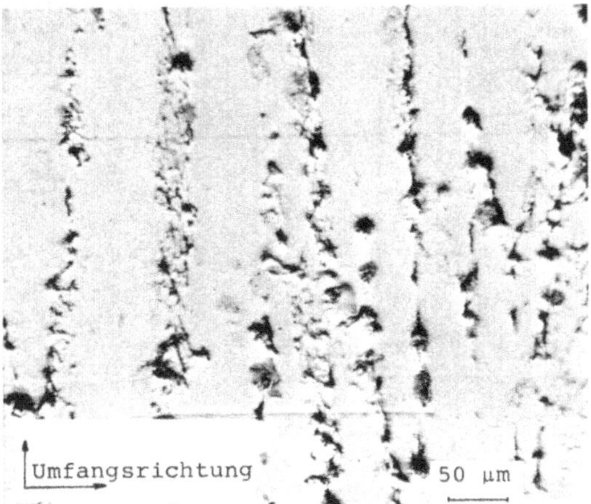

Bild 7b: REM-Aufnahme der gleichen Oberfläche

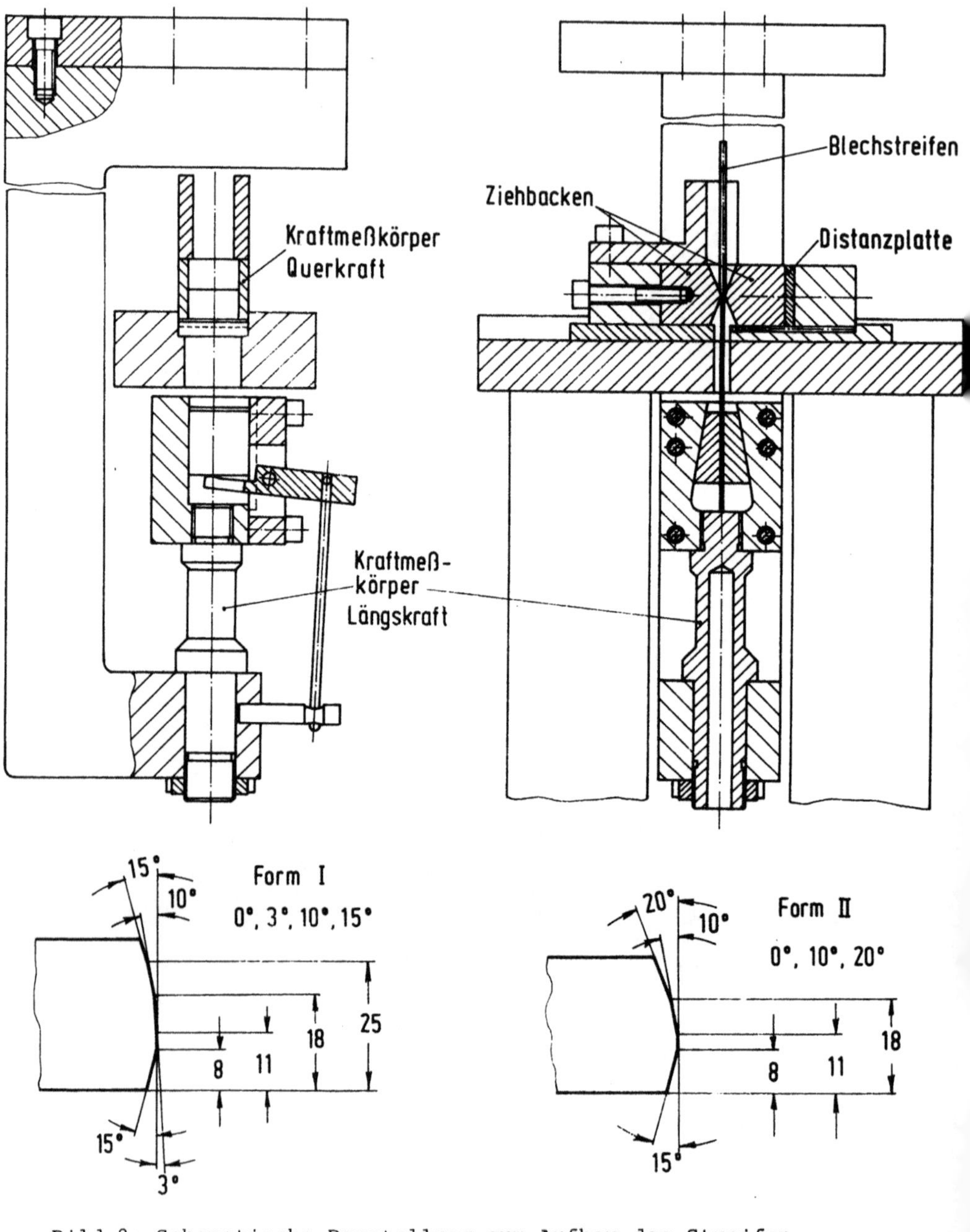

Bild 8: Schematische Darstellung zum Aufbau des Streifenziehgerätes, Form der verwendeten Werkzeuge

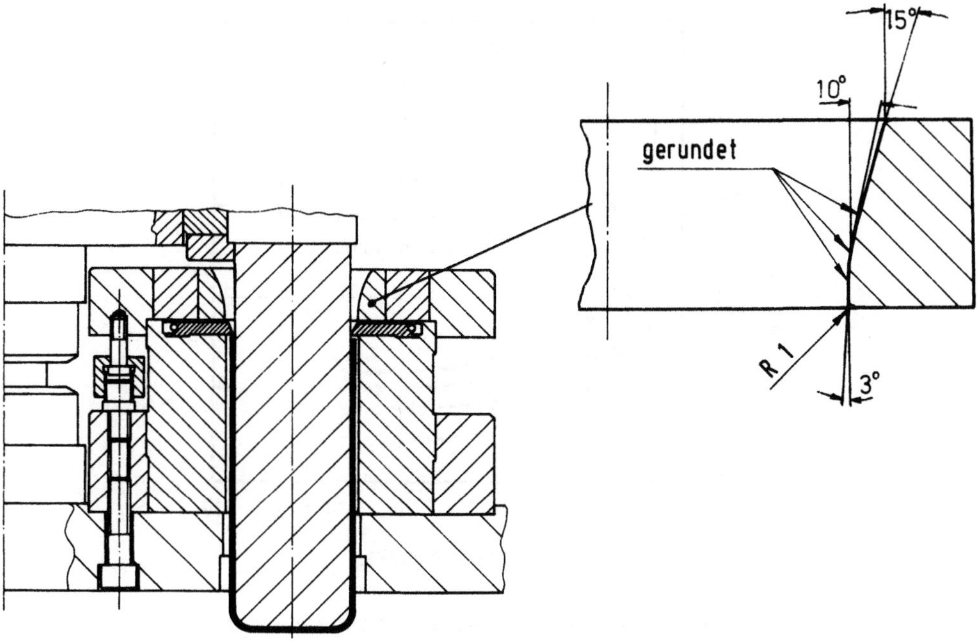

Bild 9: Schematische Darstellung des Versuchswerkzeuges zum Abstreckgleitziehen

Bild 10: Fertigungsfolge zur Herstellung dünnwandiger Hohlkörper aus dem Werkstoff X 5 CrNi 18 9, Schmierstoff:TMW 12.
Tiefgezogener Napf, Egalisierzug, drei weitere Abstreckzüge (von rechts)

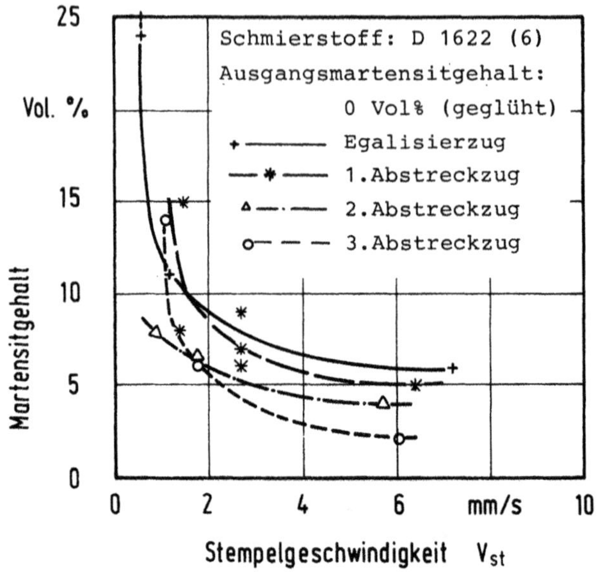

Bild 11: Martensitbildung für alle durchgeführten Abstreckzüge an geglühten Näpfen

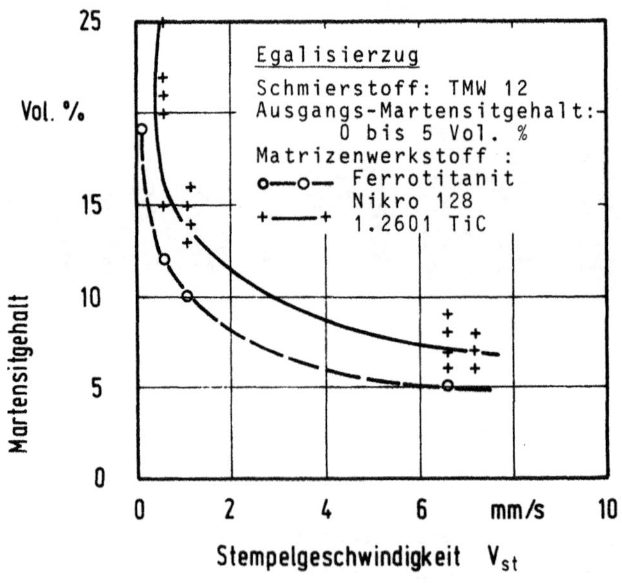

Bild 12: Einfluß des Matrizenwerkstoffs auf den Martensitgehalt

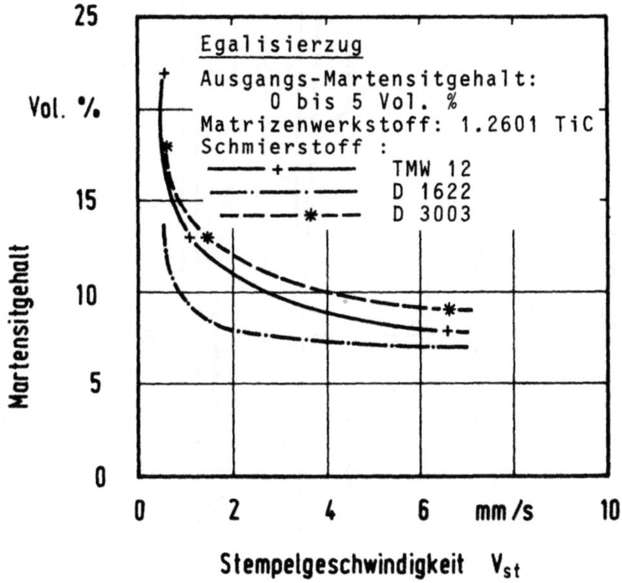

Bild 13: Einfluß unterschiedlicher Schmierstoffe auf den Martensitgehalt

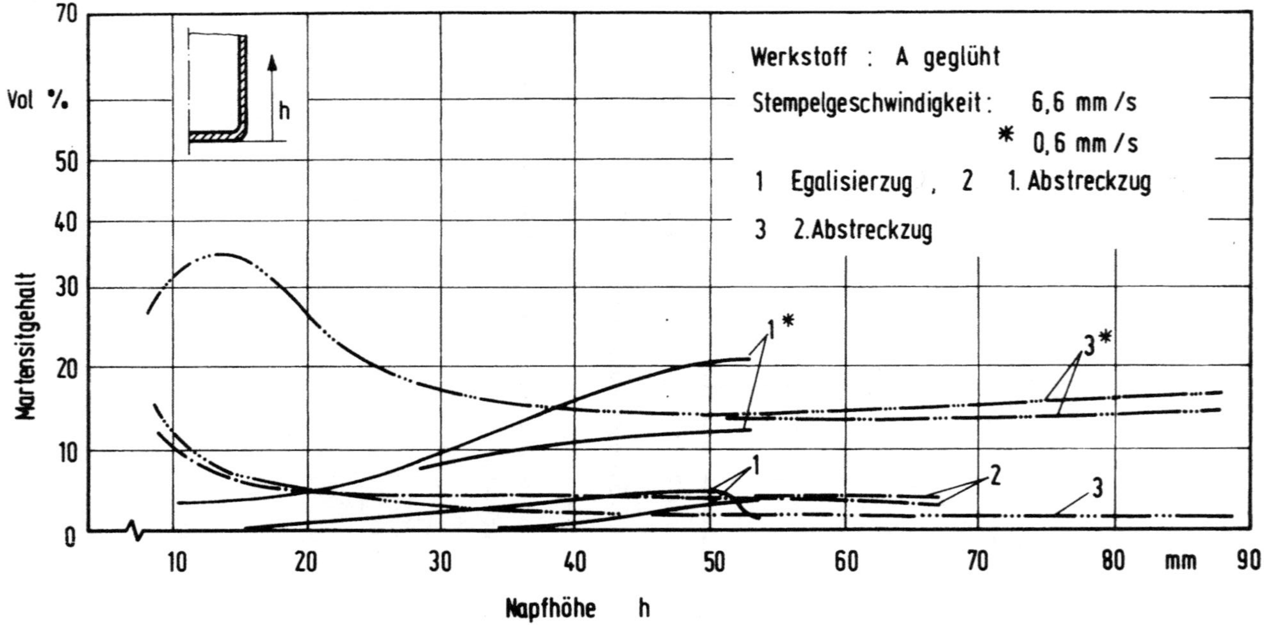

Bild 14· Verteilung der Martensitgehalte über der Napfhöhe und am Napfumfang für verschiedene Umformstufen (obere Kurve jeweils Zipfeltal)

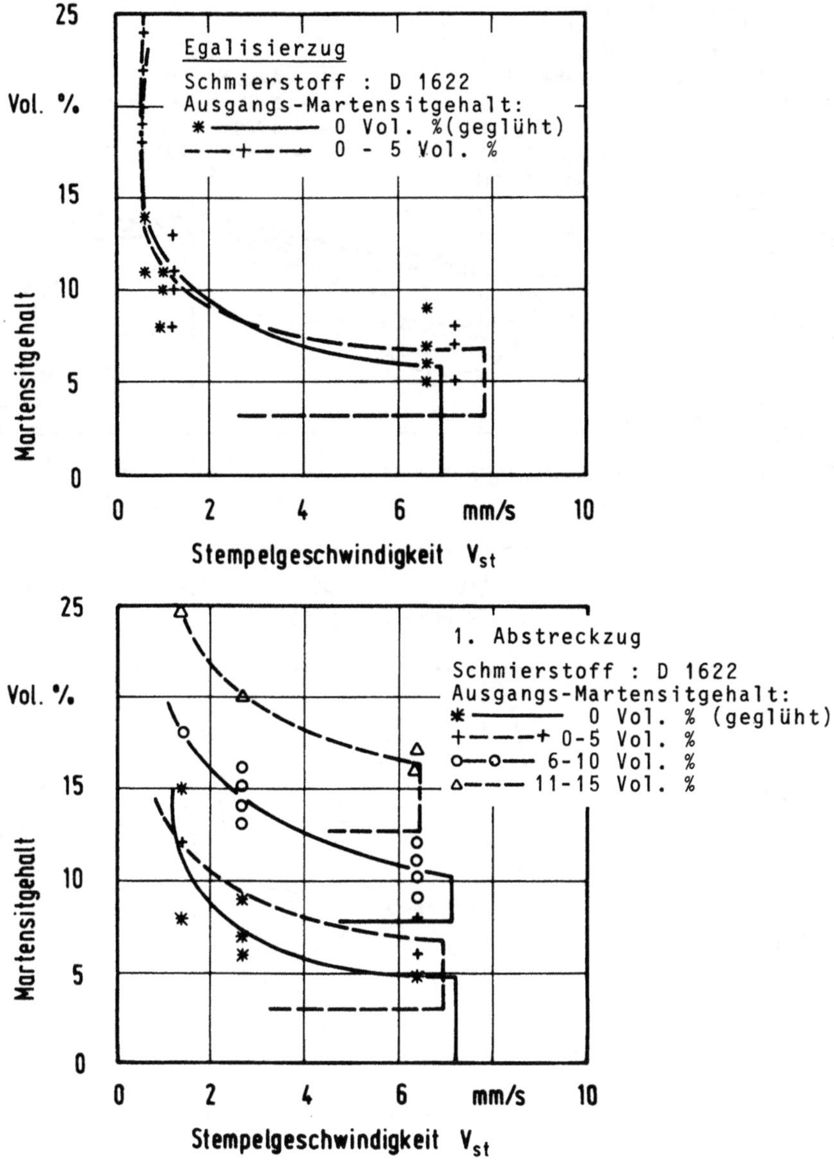

Bild 15: Einfluß unterschiedlicher Ausgangs-Martensitgehalte auf den im Egalisier- und 1. Abstreckzug gebildeten Verformungsmartensit

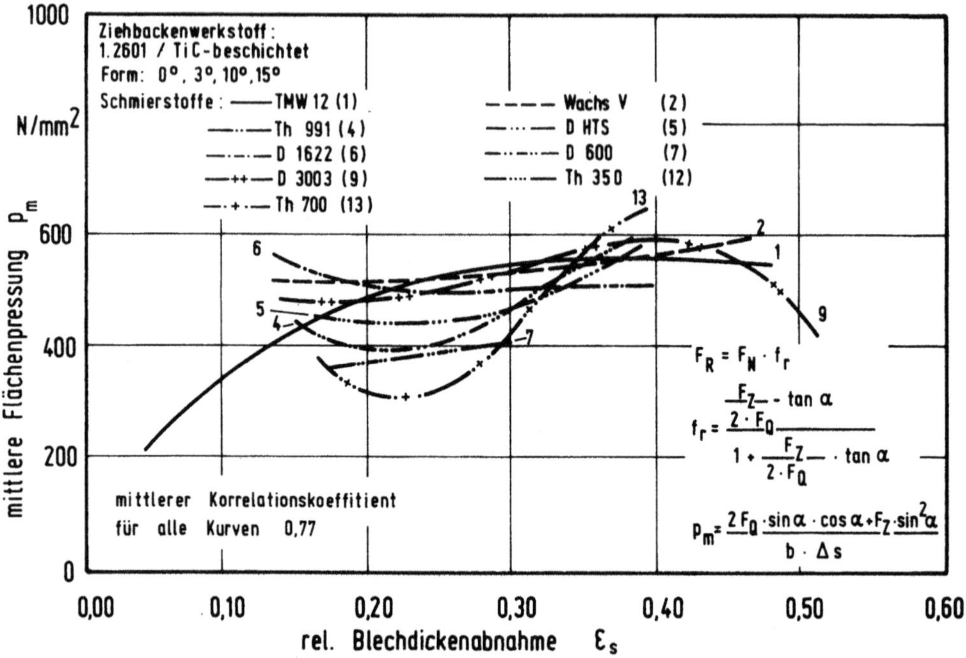

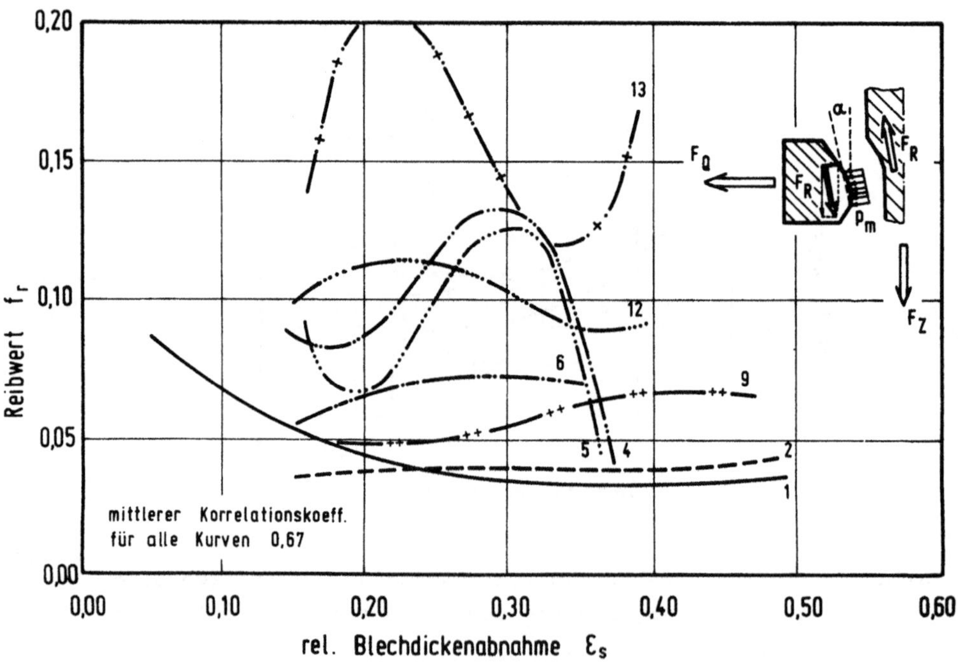

Bild 16: Ergebnisse der Streifenziehversuche auf TiC-beschichteten Ziehbacken aus Kaltarbeitsstahl 1.2601

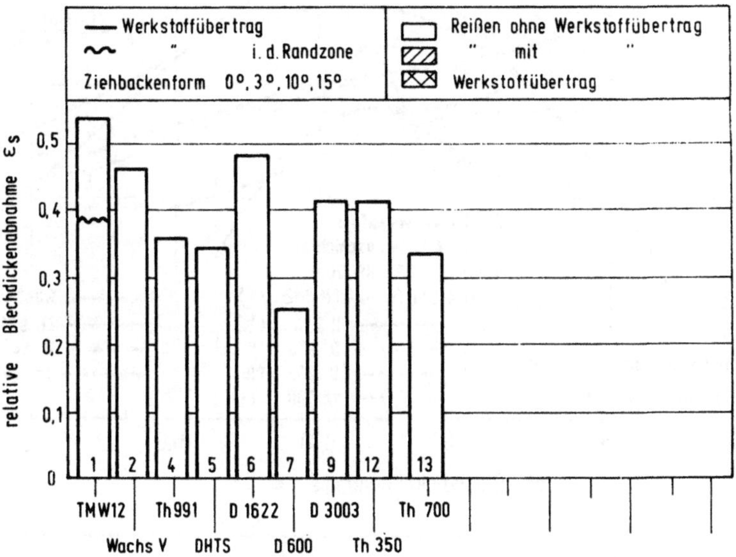

Bild 17: Im Streifenziehversuch maximal erreichbare relative Blechdickenabnahme auf TiC-beschichteten Ziehbacken aus 1.2601

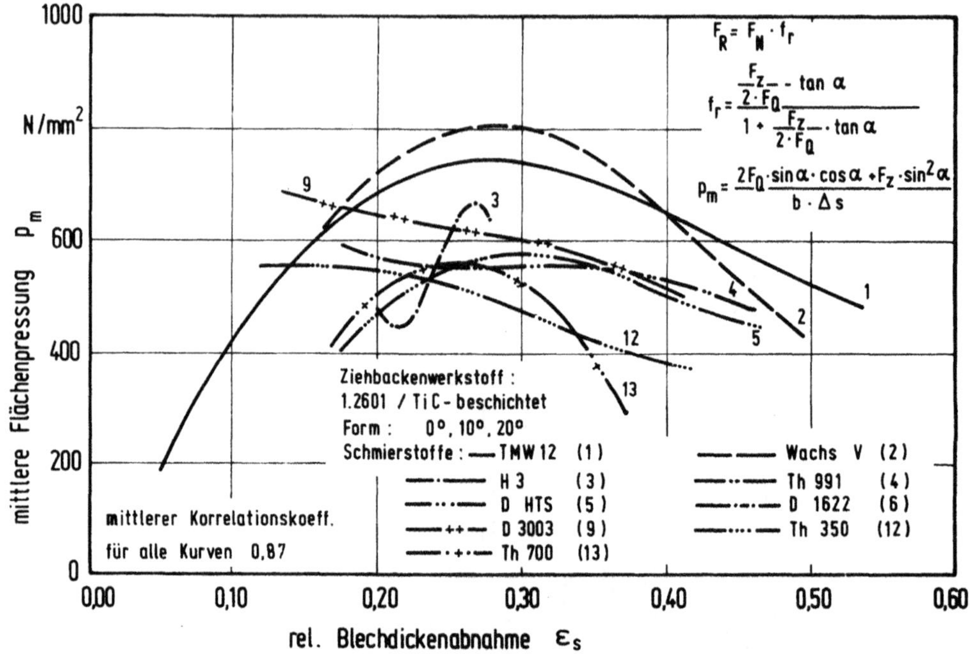

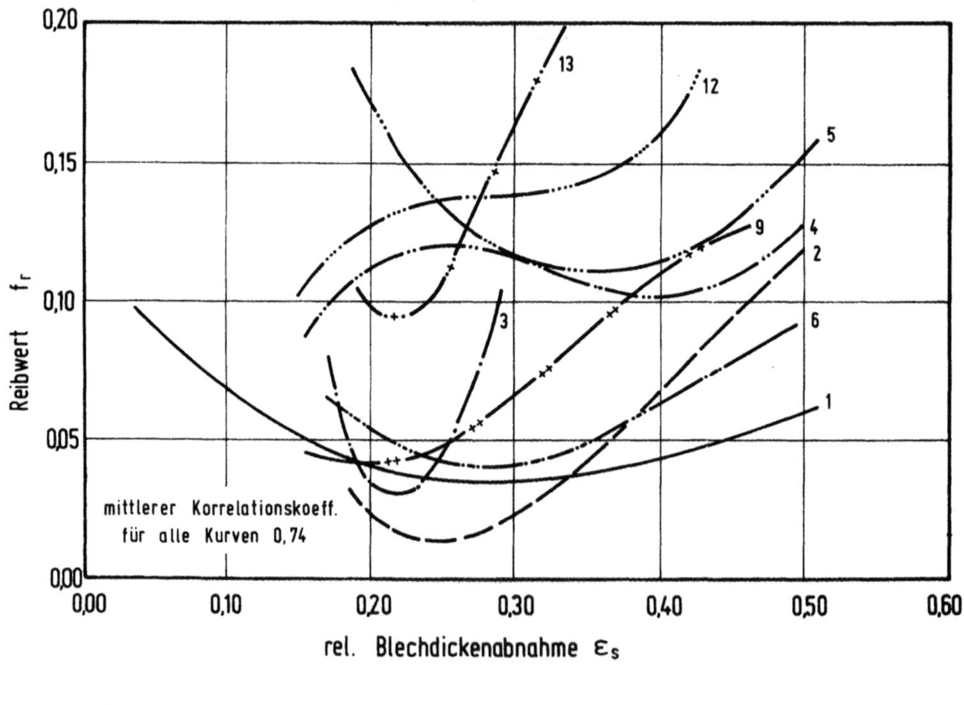

Bild 18: Ergebnisse des Streifenziehversuchs für TiC-beschichtete Werkzeuge aus Kaltarbeitsstahl

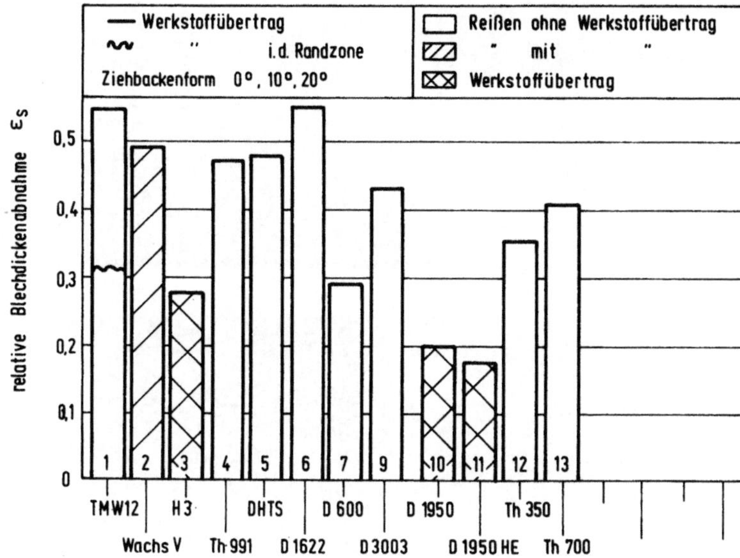

Bild 19: Im Streifenziehversuch maximal erreichbare Blechdickenabnahme auf TiC-beschichteten Ziehbacken aus 1.2601

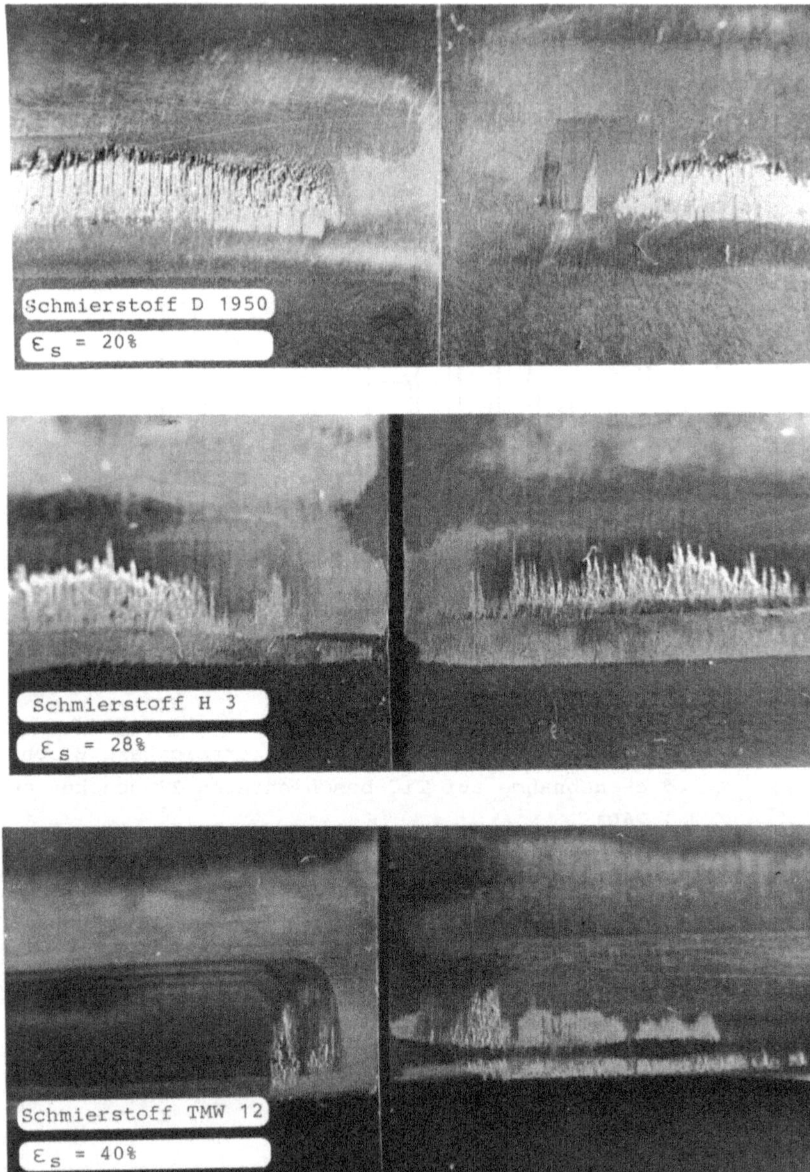

Bild 20: Aufnahmen von Werkstoffübertrag, der beim Streifenziehen auf TiC-beschichteten Ziehbacken aus 1.2601 (Form 0°,10°,20°) aufgetreten ist

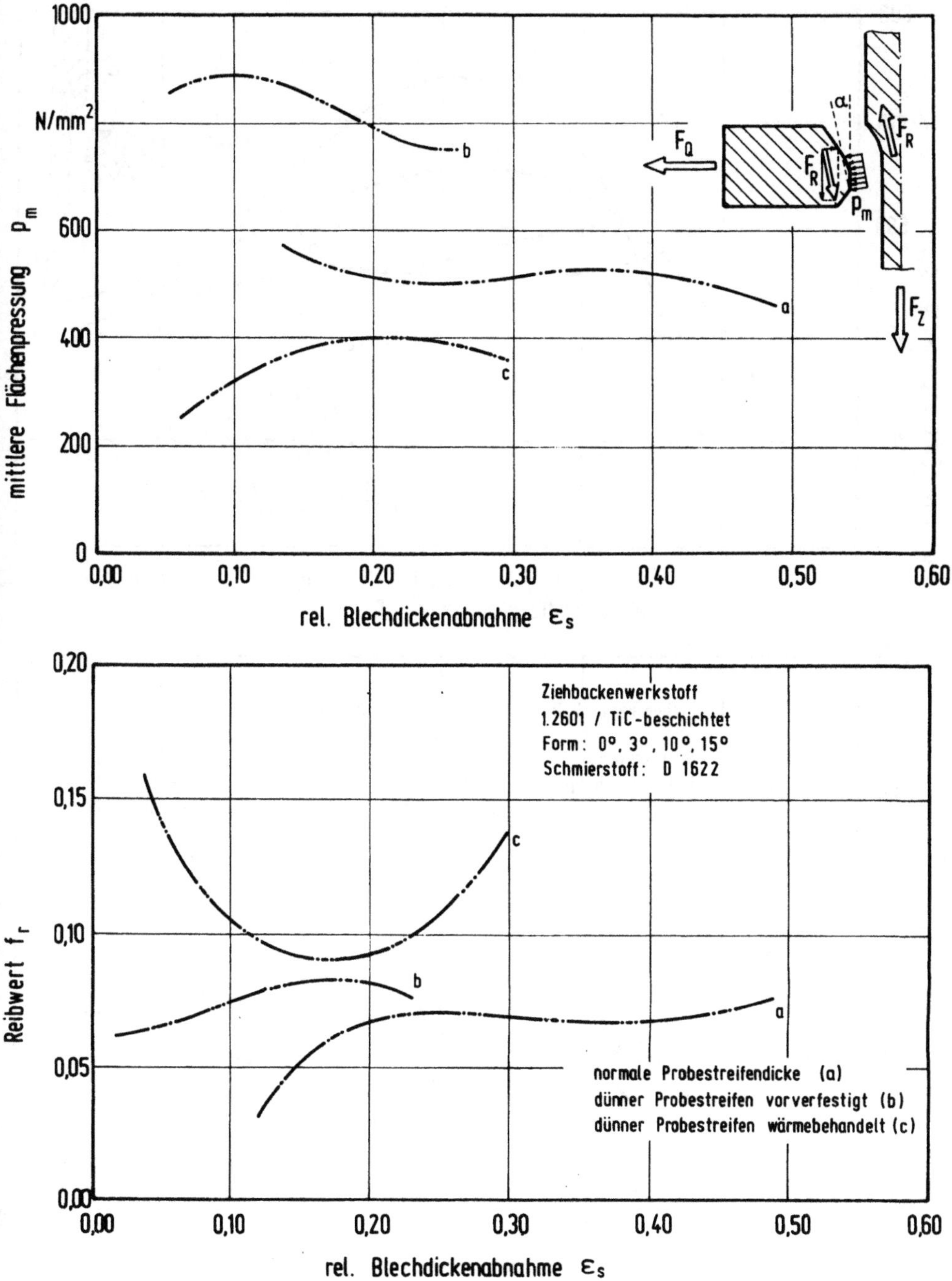

Bild 21: Einfluß der Probestreifendicke und -Vorverfestigung auf die Ergebnisse des Streifenziehversuchs

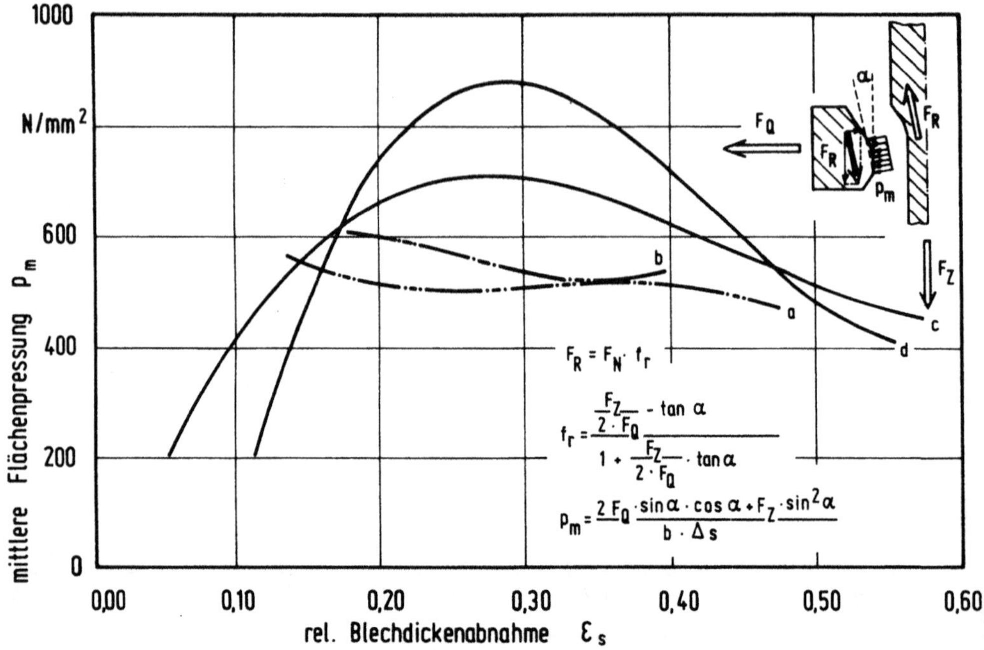

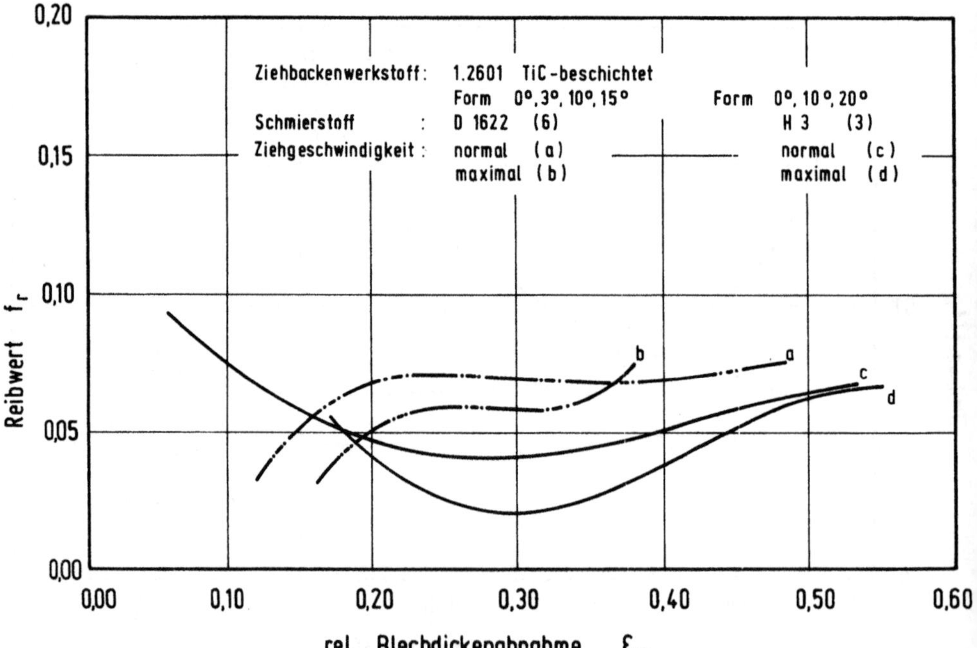

Bild 22: Einfluß der Ziehgeschwindigkeit auf die Ergebnisse des Streifenziehversuchs

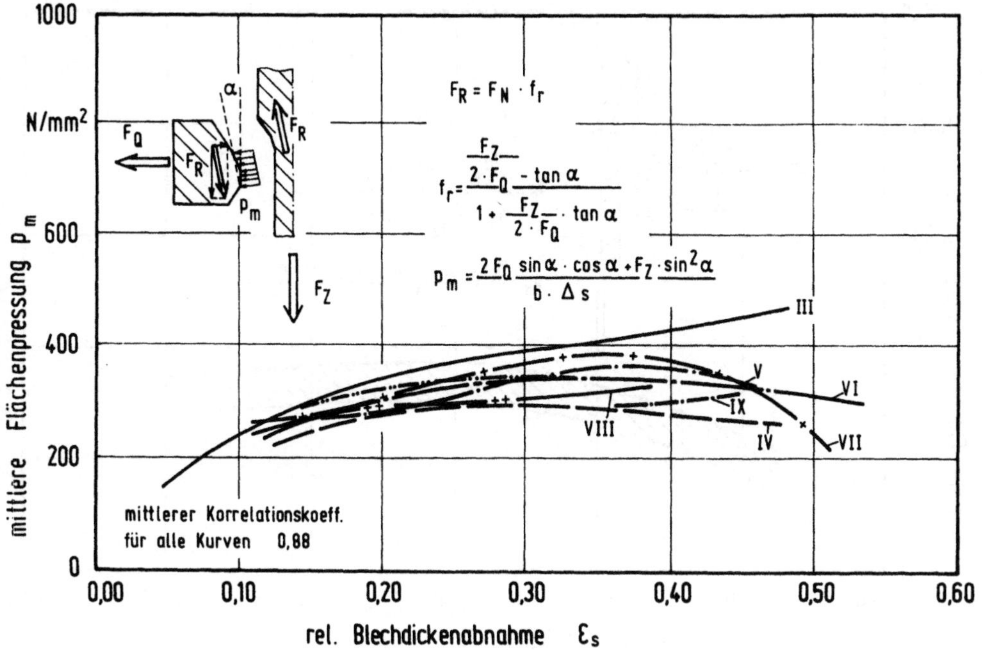

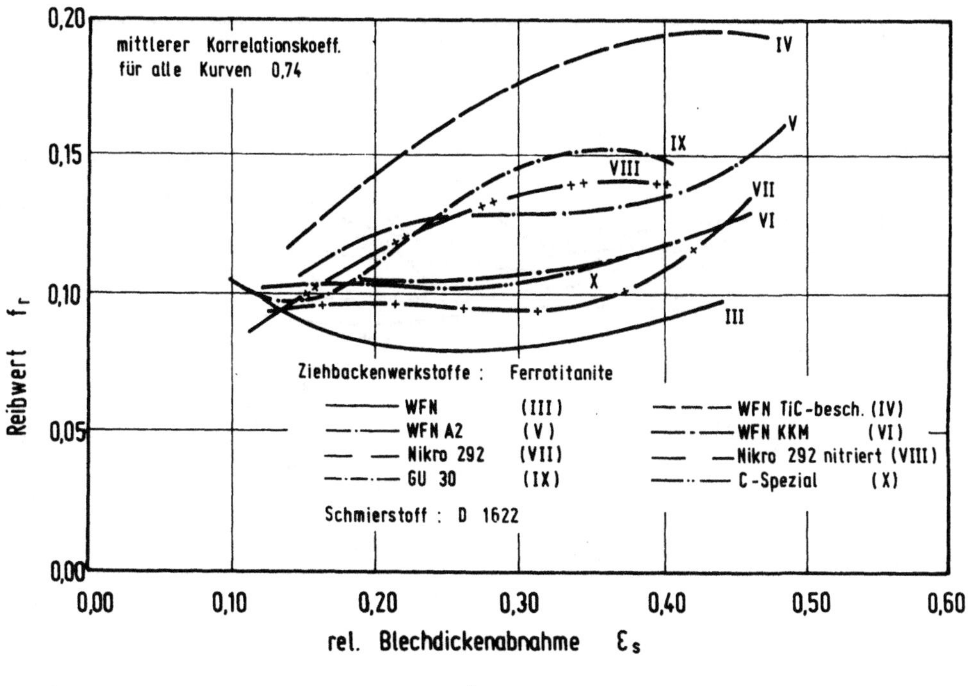

Bild 23: Ergebnisse des Streifenziehversuchs für verschiedene Ziehbackenwerkstoffe (Sinterhartstoffe)

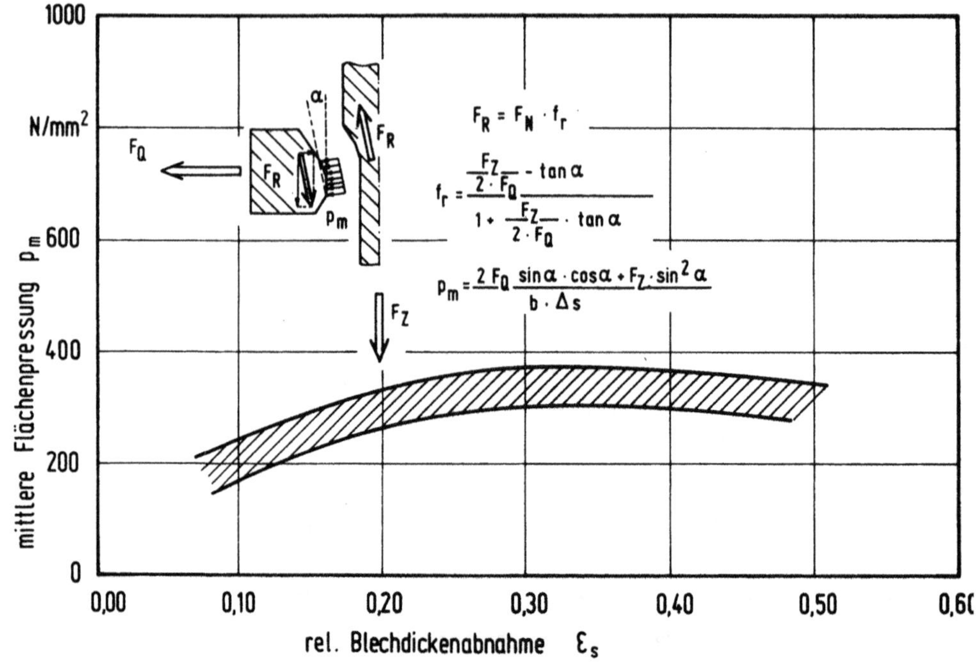

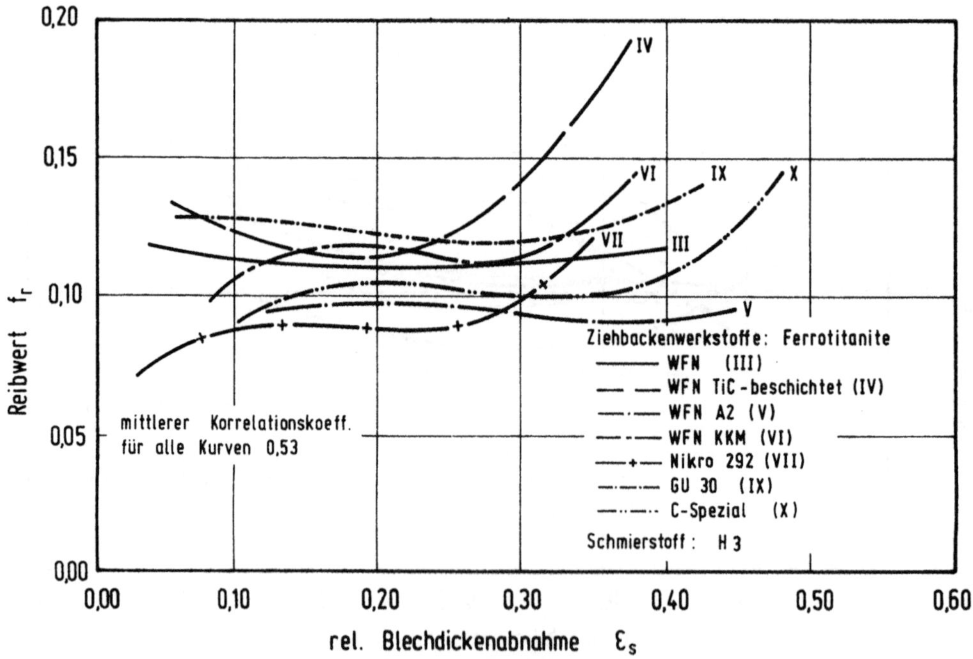

Bild 24: Ergebnisse der Streifenziehversuche für verschiedene Ziehbackenwerkstoffe (Sinterhartstoffe)

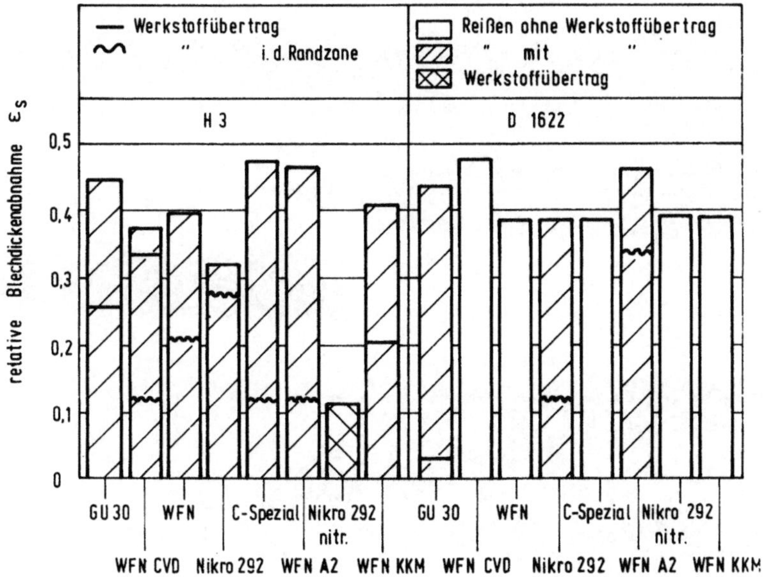

Bild 25: Im Streifenziehversuch auf Ziehbacken aus Sinterhartstoffen maximal erreichbare relative Blechdickenabnahmen

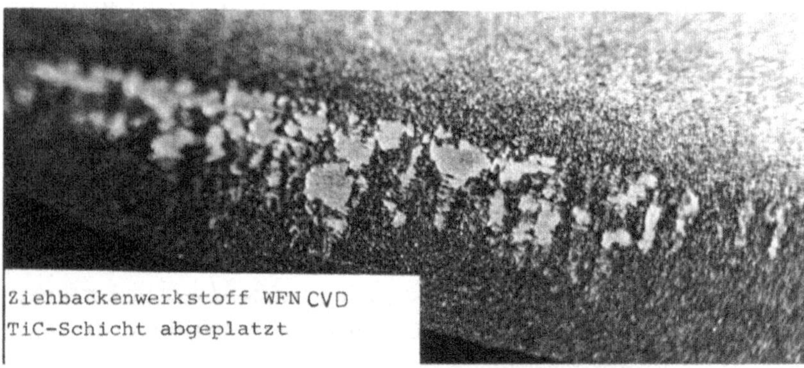

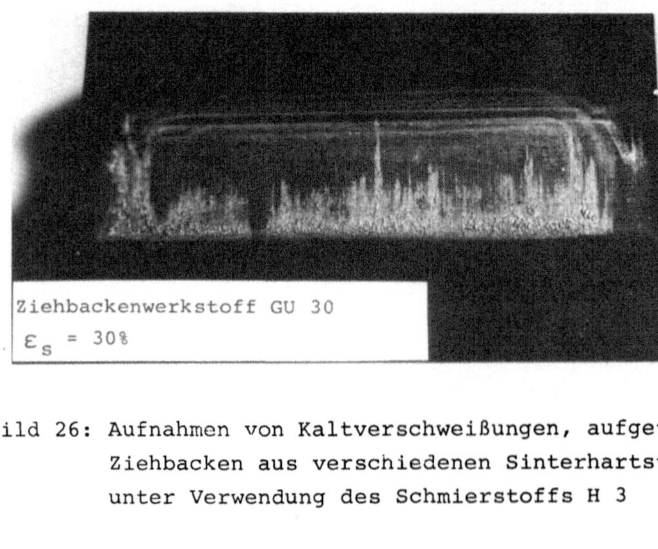

Bild 26: Aufnahmen von Kaltverschweißungen, aufgetreten an Ziehbacken aus verschiedenen Sinterhartstoffen unter Verwendung des Schmierstoffs H 3

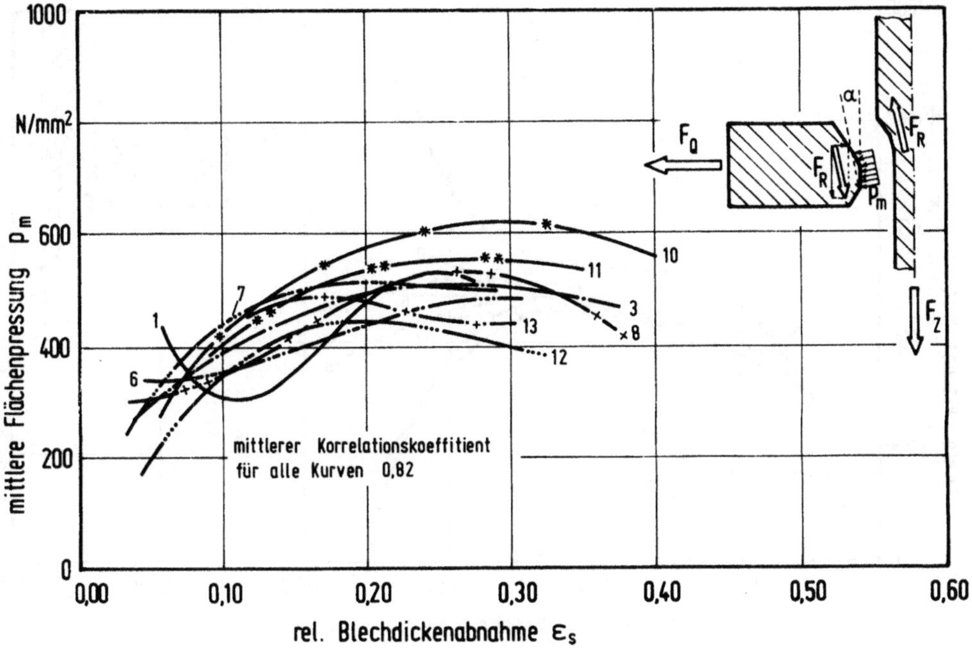

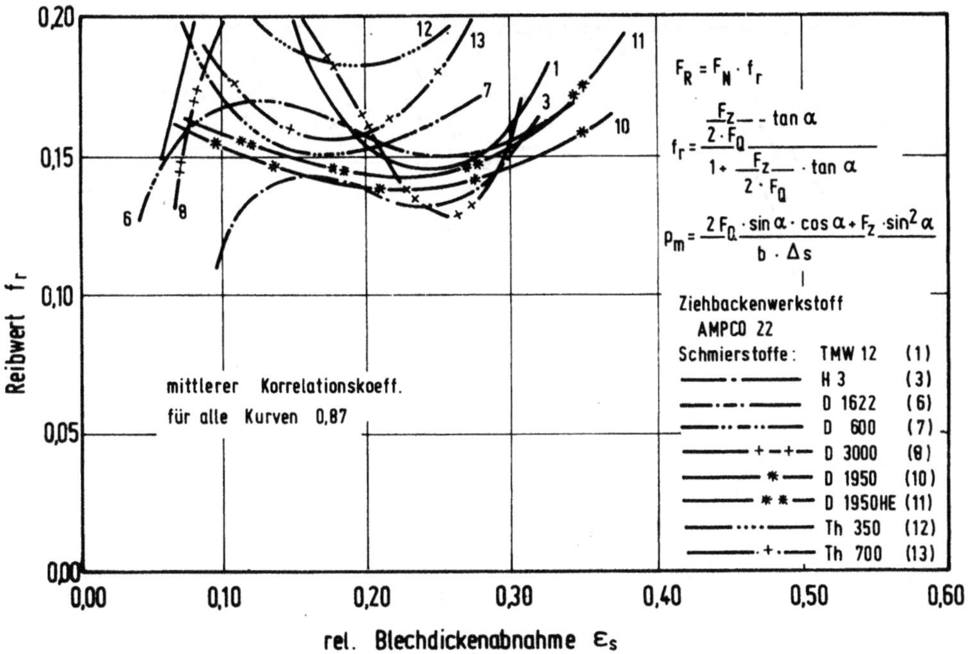

Bild 27: Ergebnisse der Streifenziehversuche auf Ziehbacken
aus Aluminium-Mehrstoffbronze A 22

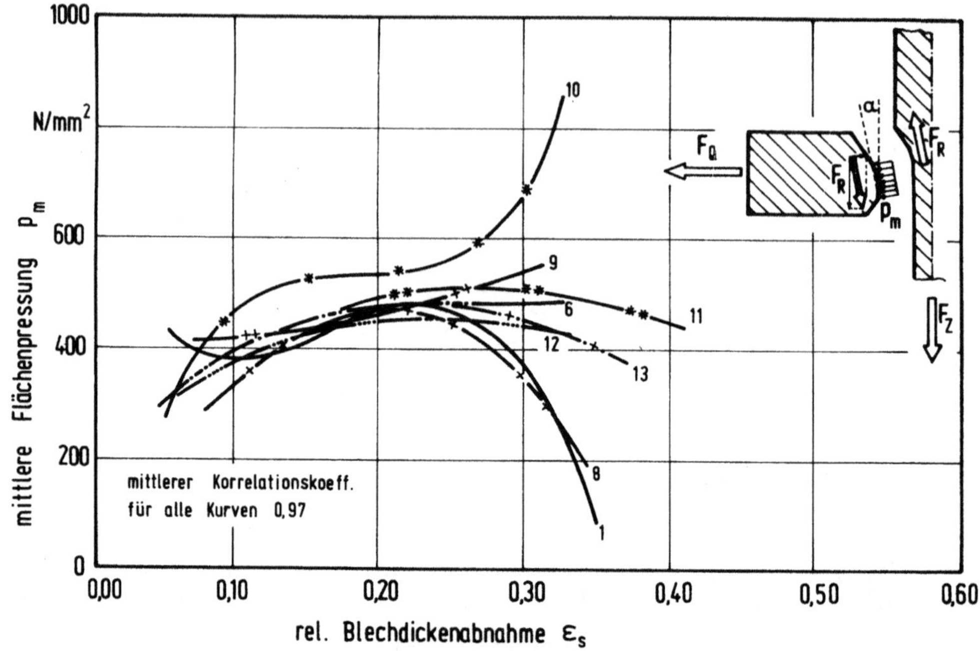

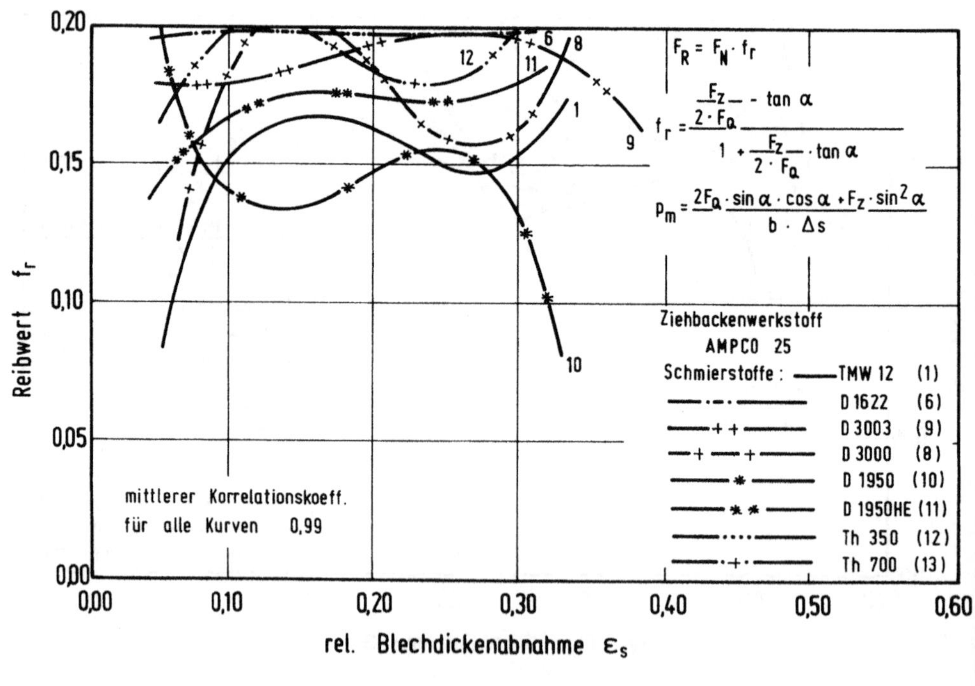

Bild 28: Ergebnisse der Streifenziehversuche auf Ziehbacken aus Aluminium-Mehrstoffbronzen A 25

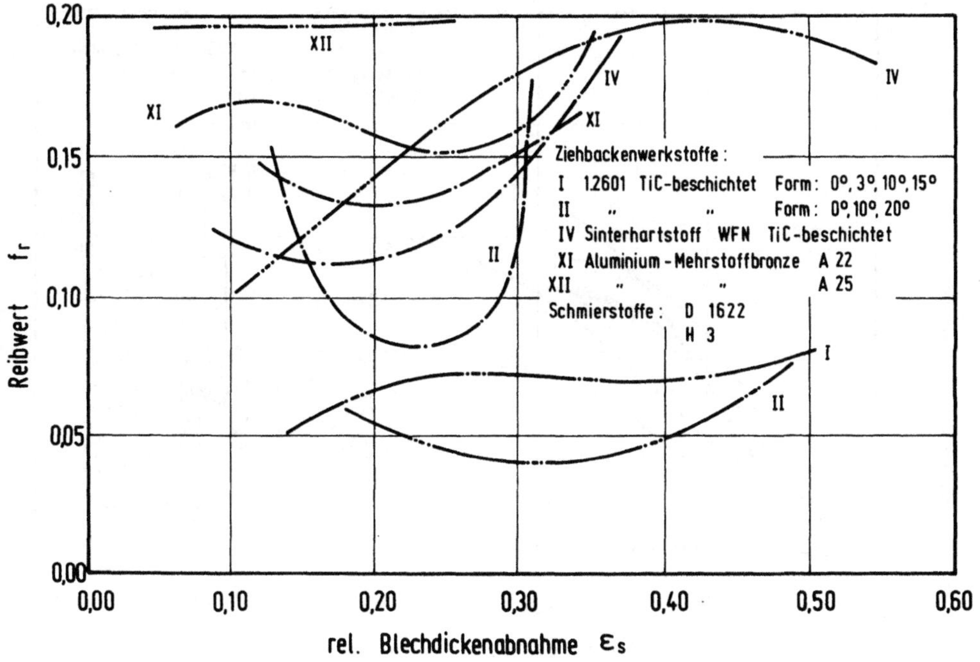

Bild 29: Vergleichende Darstellung von Ergebnissen der Streifenziehversuche mit zwei Schmierstoffen auf Ziehbacken der verschiedenen Werkstoffgruppen

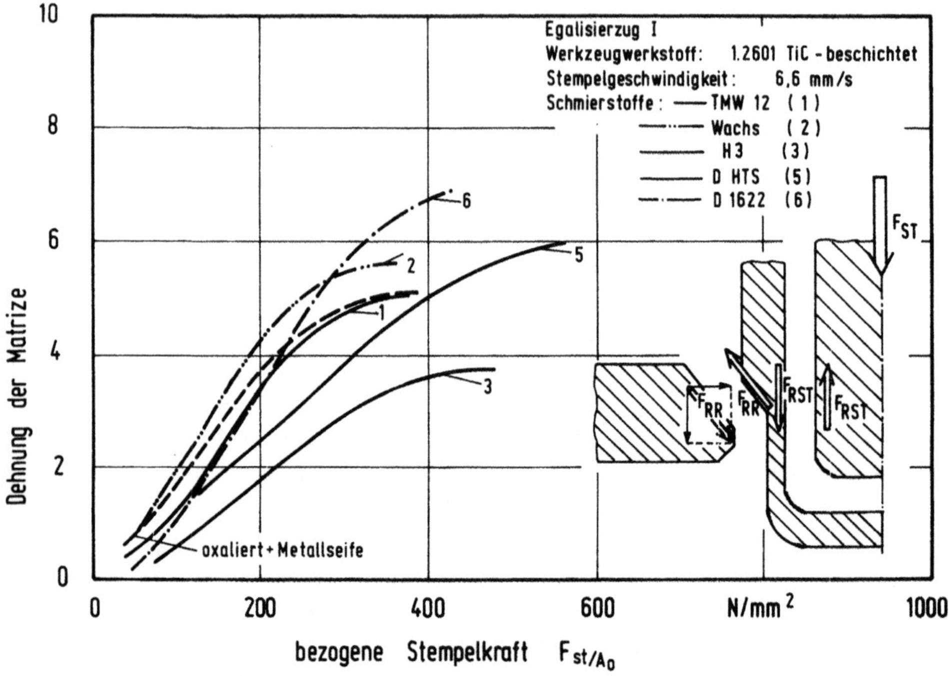

Bild 30: Dehnungsmessungen am Ziehring im Egalisierzug I für unterschiedliche Schmierstoffe

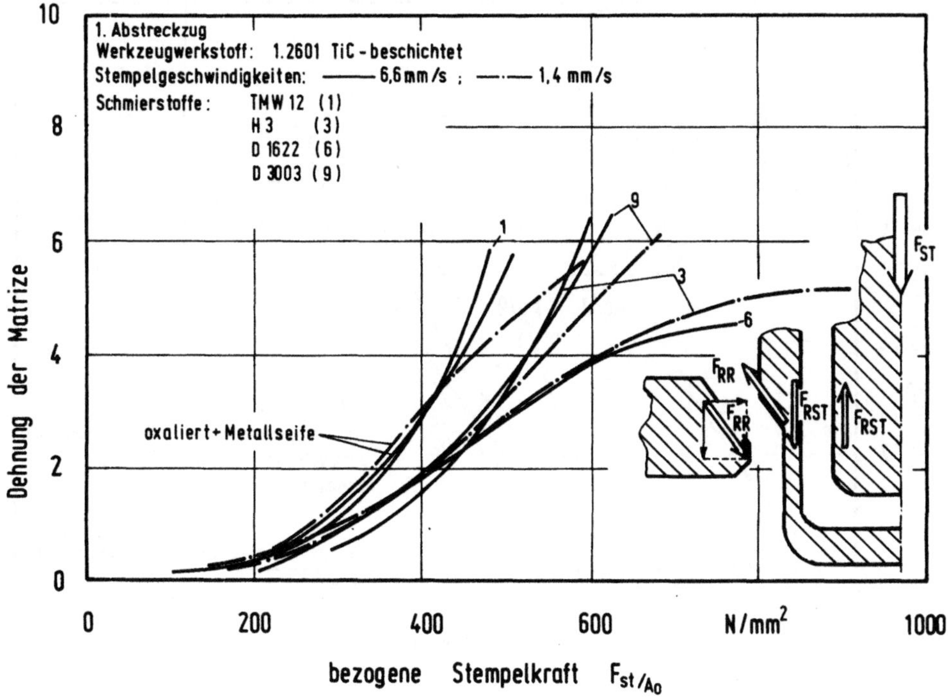

Bild 31: Dehnungsmessungen an der Matrize beim 1. Abstreckzug mit unterschiedlichen Schmierstoffen

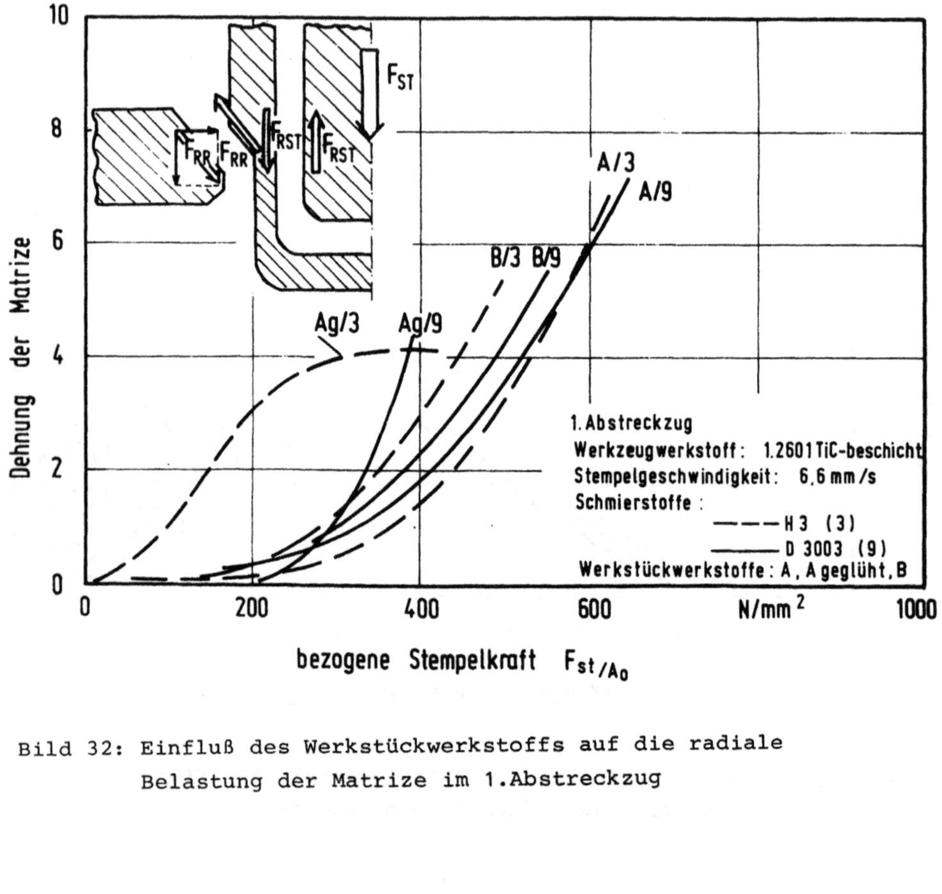

Bild 32: Einfluß des Werkstückwerkstoffs auf die radiale Belastung der Matrize im 1.Abstreckzug

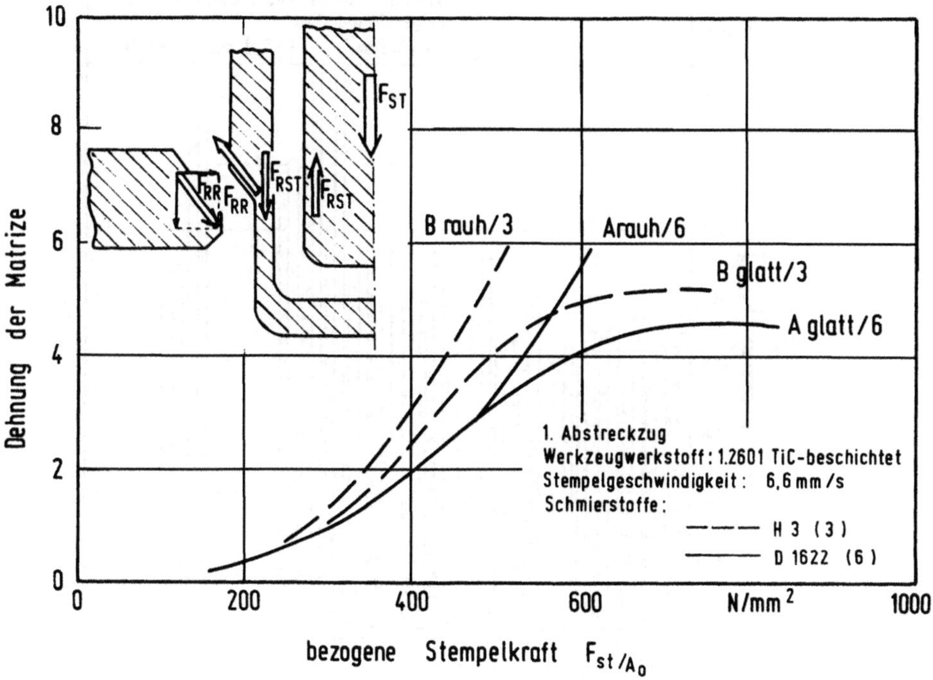

Bild 33: Einfluß der Werkstückoberfläche auf die radiale Belastung der Matrize im 1. Abstreckzug

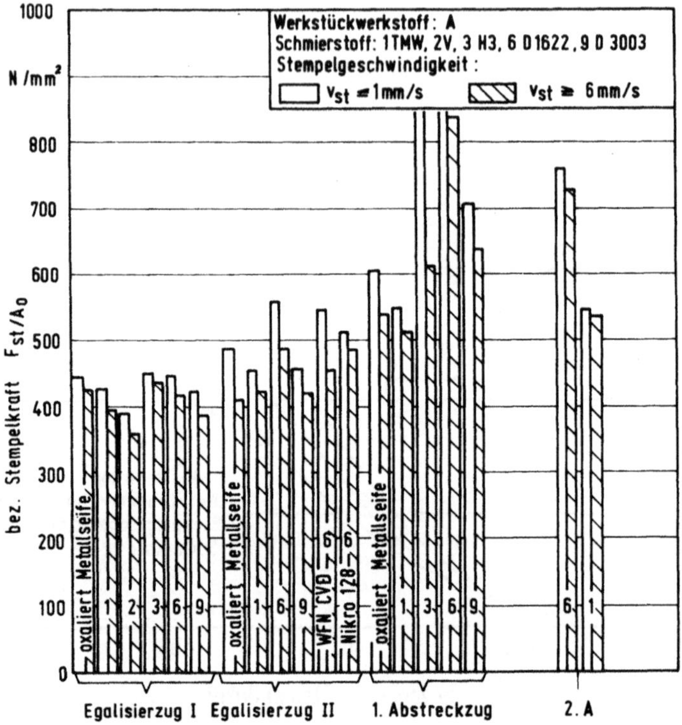

Bild 34: In der jeweiligen Umformstufe für vorverfestigte Werkstücke ermittelte maximale bezogene Stempelkräfte beim Abstreckgleitziehen

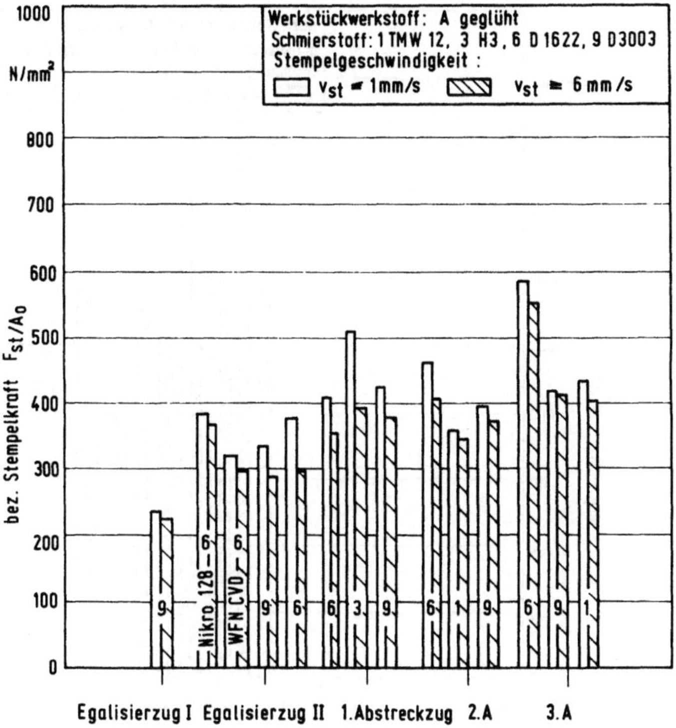

Bild 35: In der jeweiligen Umformstufe für geglühte Werkstücke ermittelte maximale bezogene Stempelkräfte beim Abstreckgleitziehen

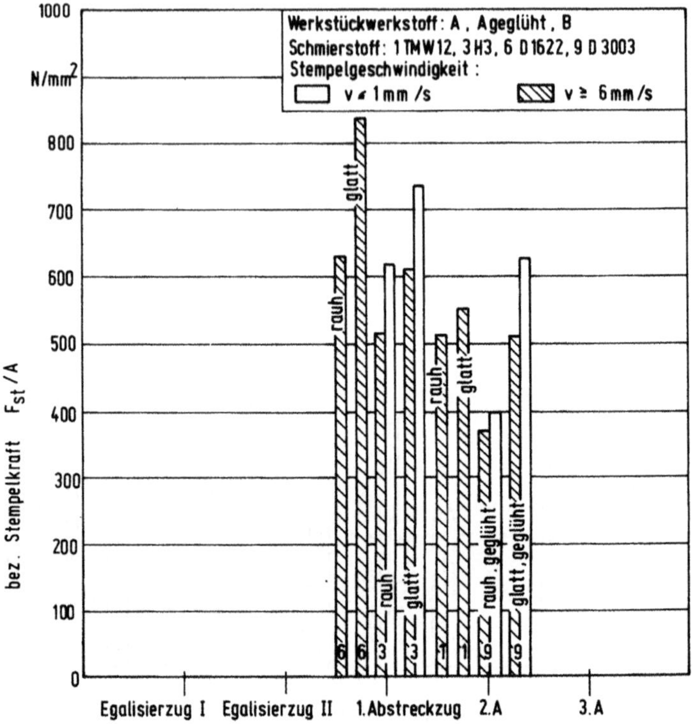

Bild 36: Einfluß der Werkstückoberfläche auf die beim Abstreckgleitziehen ermittelte maximale bezogene Stempelkraft

8 Tabellen

Tabelle 1: Metallurgische und metallographische Kennwerte der verwendeten Versuchswerkstoffe im Anlieferungszustand

Versuchswerkstoff Legierungs-element	X 5 CrNi 18 9 (A) 1.4301	X 5 CrNi 18 9 (B) 1.4301
	Gehalte in Gewichts-%	
C	0,052	0,055
Si	0,42	0,26
Mn	1,48	1,74
P	0,016	0,15
S	0,010	0,013
Cr	18,33	18,65
Mo	0,39	0,16
Ni	8,56	9,94
Ti	0,02	0,02
Nb	0,01	0,01
Cu	0,10	0,05
N_2	0,020	0,029
M_s-Temperatur	106 K = - 167°C	- 16 K = - 289°C
M_{d30}-Temperatur	297 K = 24°C	278 K = 5°C
Stabilitäts-kennwert	- 3,98	- 2,37
mittlere Korn-querschnittsfläche in µm²	359 ≙ ASTM 8	743 ≙ ASTM 7

Tabelle 2: Mechanische Kenntwerte der Versuchswerkstoffe im Anlieferungszustand

Werkstoff	Winkel zur Walzrichtung	Streck-grenze $R_{p0,2}$ N/mm²	Zugfestig-keit R_{pB} N/mm²	Gleichmaß-dehnung A_g %	Bruchdeh-nung A_{10} %	Bruchein-schnür. Z %	Elastizi-tätsmodul E N/mm²
X5CrNi18 9 (A)	0° (arithm.Mittelwert)	310,4	755,3	64,2	69,3	39,6	242662
1.4301	% Abweich. über Tafelbreite	+2,1/-2,4	+1,3/-1,0	+2,6/-4,8	+2,5/-8,9	+3,0/-14,8	
nicht auste-nitstabil	45°	309,0	713,5	60,5	72,0	35,3	-
	90°	314,6	729,3	60,3	70,1	40,0	-
X5CrNi18 9 (B)	0° (arithm. Mittelwert)	292,0	656,6	63,1	68,5	36,8	232071
1.4301	% Abweich. über Tafelbreite	+1,8/-1,0	+1,0/-1,1	+1,1/-3,9	+1,2/-4,5	+5,7/-7,3	
austenit-stabil	45°	301,6	628,7	64,9	68,4	31,1	-
	90°	305,8	636,4	62,6	66,2	38,6	-

Tabelle 3: Eindringhärte gemessen am Versuchswerkstoff A in Abhängigkeit von der Glühtemperatur, der Haltezeit und der vorausgegangenen bezogenen Blechdickenabnahme

Abwalzung ε_s in %	Glühtemperatur in °C	Haltezeit in min	Eindringhärte HV 10	mittlere Eindringhärte je Glühserie HV 10
0			182	
5			213	
10			170	
15	950	3	168	187
20			193	
25			184	
30			200	
0			179	
5			206	
10			157	
15	950	5	168	178
20			168	
25			180	
30			186	
0			183	
5			150	
10			174	
15	950	10	179	171
20			161	
25			170	
30			181	
0			185	
5			149	
10			156	162
15	1 000	3	168	
20			159	
25			156	
0			179	
5			149	
10			151	
15	1 000	5	154	159
20			157	
25			168	
30			155	
0			177	
5			148	
10	1 030	10	151	157
15			154	
20			157	
30			155	

Tabelle 4: Meßwerte zur Mikrogeometrie der Werkstücke ermittelt aus Stichproben

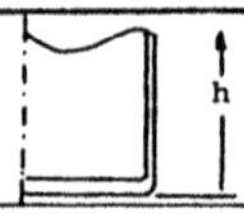

	Senkrechtmaße der Rauheit		
	R_t µm	R_p µm	R_a µm
Ausgangsblech (Ronde)			
Werkstoff A und B	2,5	0,8	0,45
tiefgezogener Napf			
Napfwand Zipfelberg innen			
unten	5,7	2,6	1,0
oben	15,1	6,3	2,5
Napfwand Zipfeltal innen			
unten	5,8	2,6	1,0
oben	22,5	9,2	3,4
Napfwand Zipfelberg außen			
unten	3,3	1,0	0,5
oben	6,5	2,2	0,9
Napfwand Zipfeltal außen			
unten	2,7	0,9	0,5
oben	8,7	2,7	1,4
abgestreckte Näpfe (alle Meßwerte Napfaußenwand, halber Höhe)			
Egalisierzug mit Wachs TMW 12			
längs	3,2	1,7	0,5
quer	4,1	2,0	0,6
Egalisierzug mit D 3003			
längs	1,3	0,75	0,12
quer	2,1	1,0	0,14
1. Abstreckzug D 1622			
längs	0,7	0,3	0,08
quer	0,8	0,3	0,08
Napf nach 1. Abstreckzug geglüht und anschließend gestrahlt			
längs	2,1	0,8	0,3
quer	2,3	0,9	0,28
2. Abstreckzug D 3003			
längs	0,7	0,4	0,07
quer	0,7	0,4	0,08
D 1622			
längs	0,6	0,35	0,06
quer	0,55	0,3	0,08

Tabelle 5: Eigenschaften der verwendeten Werkzeugwerkstoffe

Werkstoff	Hersteller/Lieferfirma	Zusammensetzung											mechanische Kennwerte				Verwendung im Forschungsvorhaben
1.2601 TiC-beschichtet	CVD-Beschichtung durch Dörrenbach Edelstahl	ledeburitischer 12 %iger Chromstahl mit ca. 8 µm dicker Auflage aus Titankarbid											Grundwerkstoff gehärtet auf 60...62 HRC - - - Härte der TiC-Schicht : 4500 HV geringe elast. Verformbarkeit, empfindlich gegen Zugspannungen. E-Modul : 458000 N/mm²				Ziehbacken im Streifenziehversuch, Ziehringe zum Abstreckgleitziehen
Sinterhartstoffe Ferro-Titanit	Thyssen Edelstahl	Richtwerte der Legierungsbestandteile in Gew.-%															
		TiC	C	Cr	Ni	Mo	Cu	Co	Ti	Si	V	Fe	HRC	Druckfestigk. N/mm²	Zugfestigk. N/mm²	E-Modul N/mm²	
WFN		33	0,65	14	0,4	3	0,8	-	-	-	0,5	Rest	69-70	3600	1800-2000	294 000	Ziehbacken und Abstreckwerkzeug (auch TiC-besch.)
Nikro 128		33	-	12,5	7	6	0,5	10	0,7	-	-	"	60-62	4000	2300-2500	280 000	Abstreckwerkzeug
Nikro 292		28	-	-	15	15	0,5	15	0,2	-	-	"	66	3500	2200-2400	294 000	Ziehbacken/Abstreckwerkzeug
C-Spezial		33	0,6	3	-	3	1,5	-	-	-	-	"	69	3800	2000	292 000	Ziehbacken
Gu 30		32	3,5	-	1	-	1	-	-	2,2	-	"	60-65	2800-3100	2000	244 000	Ziehbacken
Die Werkstoffgüte WFN lag in 3 Ausführungen (nach unterschiedlicher Wärmebehandlung) vor. Die Werkstoffe Nikro 128 und Nikro 292 wurden auch als nitrierte Werkstoffe untersucht.		Beim GU 30 Einlagerung des C als kugeliger Graphit															

Werkstoff	Hersteller/Lieferfirma	Richtwerte der Legierungsbestandteile in Gew.-%				HB 30	Druckfestigk. N/mm²	Zugfestigk. N/mm²	E-Modul N/mm²	Verwendung im Forschungsvorhaben
Aluminium-Mehrstoffbronzen	Eckart + Co	Al	Cu	Fe	Sonst.					
AMPCO 22		14	Rest	4,5	max.0,5	310	1130	740	112 000	Ziehbacken
AMPCO 25						370	1600	690	126 000	

Tabelle 6: Innendurchmesser der verwendeten Werkzeuge

Bezeichnung des Werkzeugs	Innendurchmesser [mm]	Anzahl der verarbeit. Näpfe
Egalisier I	85,9 und 85,6	300 und 250
Egalisier II	85,3	160
Egalisier Ferrotitanit Nikro 128	85,8	100
Egalisier Ferrotitanit WFN	85,8	30
1. Abstreck	84,7 und 84,5	50 und 150
2. Abstreck	83,1	90
3. Abstreck	82,2	40

Tabelle 7: Nach der Umformung gemessene mittlere Werkstücktemperatur

Umformstufe / Stempelgeschwindigkeit mm/s	Egalisierzug	1.Abstreckzug	2.Abstreckzug	3.Abstreckzug
> 6	40 - 45°C	35°C	50°C	60°C
1	30 - 35°C	25°C		
0,6	22°C	23°C	30°C	40°C

Tabelle 8: Einteilung der untersuchten Schmierstoffe

	Schmierstoff	Hersteller	Aufbau	Eigenschaften
Gruppe 1 synthetische Wachse	TMW 12 (1)	Hoechst AG Augsburg	Polymerwachs-emulsion	hochschmelzendes hartes Polyäthylenwachs; in Wasser emulgiert; wird durch Tauchen in ca. 70°C heiße Bäder aufgetragen; ergibt festen Schmierfilm
	Wachs V (2)	Hoechst AG Augsburg	10%-ige Lösung in Trichloräthylen	ergibt nach Verdunsten des Lösungsmittels festen Wachsfilm; Auftrag durch Tauchen, Sprühen, Pinseln
Gruppe 2 Reaktionsschichtbildende Flüssigschmierstoffe	H 1	Hoechst AG Frankf./M.	Mineralöl mit 15% Hordalub 250 K	chlorhaltiges Hochdruckadditiv Reaktionsschichtbildung
	H 2		Mineralöl mit 15% Hordalub 250 K 5 % TNPS	zusätzlich sulfidhaltiges Hochdruckadditiv; bei höheren Temperaturen reaktionsfähiger als H 1
	H 3 (3)		Mineralöl mit 15% Hordalub 200 PCK 5 % TNPS	chlor-, phosphor und schwefelhaltige Additive; nochmalige Steigerung der Reaktionsfähigkeit
	Thermex 991 (4)	Stuart Oil GmbH	pigment-und mineralölfreier synthetischer Flüssigschmierstoff	Reaktionsschichtbildung bei höheren Temperaturen
Gruppe 3 hochviskose Dispersionen	Wachs C	Hoechst AG Augsburg	Wachs-Mikropulver dispergiert in Polyglykol	hartes Amidwachs mit hohem Schmelzpunkt; das feindisperse Mikropulver besitzt gute Gleit-und Trenneigenschaften (wurde nicht weiter untersucht)
	D HTS (5)	Stuart Oil GmbH	mineralölfreie hochviskose Dispersion von Glykolen	gute Trenn-und Schmiereigenschaften
Gruppe 4 polar wirkende Flüssigschmierstoffe	D 1622 (6)	Stuart Oil	tierisches Chlorparaffin	polar wirkend
	D 600 (7)	Stuart Oil	unbekannt, vermutlich aber wie oben	
	D 3000 (8) D 3003 (9) D 1950 (10) D1950HE (11) Th 350 (12) Th 700 (13)	Stuart Oil	Fließpreßöle, weiterer Aufbau unbekannt	

Tabelle 9: Arbeitsplan zum Abstreckgleitziehen

Tiefgezogene Näpfe aus Werkstoff	1.4301 (X 5 CrNi 18 9)
Wanddicke am oberen Rand	3,8 bis 4,15 mm
Ausgangsblechdicke	3,05 mm
Martensitgehalt	0 bis max. 5 Vol. %

Glühen bei 950 bis 1050°C in Argonatmosphäre
anschließend abstrecken
Martensitgehalt 0 Vol. %

Egalisierzüge zum Ausgleich der Wanddickenunterschiede

- EI :	Ziehringwerkstoffe	1.2601/TiC, Ferrotitanit Nikro 292 nitriert und WFN/TiC
	Wanddicke	3,15 bis 3,25 mm
	$\varepsilon_s$max.	22 bis 25 %
	Martensitgehalt	5 bis 25 Vol. % je nach Stempelgeschwindigkeit und Ausgangszustand
- EII :	Ziehringwerkstoff	1.2601/TiC
	Wanddicke	2,95 bis 3,05 mm
	$\varepsilon_s$max.	25 bis 28 %
	Martensitgehalt	5 bis 25 Vol. %

Glühen

1. Abstreckzug

Ziehringwerkstoff	1.2601/TiC
Wanddicke	2,55 bis 2,6 mm
$\varepsilon_s$max.	ca. 20 %
Martensitgehalt	4 bis 25 Vol. %

Glühen

$\varepsilon_s = 40$ %

2. Abstreckzug

Ziehringwerkstoff	1.2601/TiC
Wanddicke	1,85 bis 1,95 mm
$\varepsilon_s$max.	ca..26 %
Martensitgehalt	4 bis 22 Vol. %

Glühen

3. Abstreckzug

Ziehringwerkstoff	1.2601 / TiC
Wanddicke	1,47 bis 1,5 mm
$\varepsilon_s$max	ca. 22 %
Martensitgehalt	3 bis 20 Vol.%

Berichte aus dem Institut für Umformtechnik der Universität Stuttgart

Herausgeber Professor Dr.-Ing. Kurt Lange

1 **Untersuchung über den Einfluß der Belastungszeit auf die Streuung der Rückfederung von Biegeteilen**
Von Dipl.-Ing. Klaus Tafel. 70 Seiten Text u. 64 Seiten mit 49 Bildern u. 15 Tafeln. Vergriffen

2/3 **Untersuchungen über das freie Napfen**
Von Dipl.-Ing. Gerhard Schmitt und Dipl.-Ing. Dieter Schmoeckel.
Untersuchungen über den Kraft- und Arbeitsbedarf sowie den Umformwirkungsgrad beim Vorwärts-Vollfließpressen von Stahl
Von Dipl.-Ing. Dieter Kast. 40 Seiten Text u. 43 Seiten mit 47 Bildern u. 5 Tafeln. 28,— DM

4 **Untersuchungen über die Werkzeuggestaltung beim Vorwärts-Hohlfließpressen von Stahl und Nichteisenmetallen**
Von Dipl.-Ing. Dieter Schmoeckel. 72 Seiten Text u. 117 Seiten mit 179 Bildern. 39,— DM

5 **Untersuchungen über das Stauchen und Zapfenpressen**
Von Dipl.-Ing. Märten Burgdorf. 126 Seiten Text u. 58 Seiten mit 138 Bildern u. 4 Tafeln. 55,— DM

6 **Untersuchungen über die Streuung der Kräfte und Arbeiten beim Fließpressen in der laufenden Fertigung und den Einfluß der Phosphatschichtdicke und des Schmiermittels**
Von Dipl.-Ing. Hans-Dietrich Witte. 38 Seiten Text u. 48 Seiten mit 49 Bildern. 30,— DM

7 **Untersuchungen über das Rückwärts-Napffließpressen von Stahl bei Raumtemperatur**
Von Dipl.-Ing. Gerhard Schmitt. 132 Seiten Text u. 93 Seiten mit 130 Bildern u. 5 Tafeln. 34,— DM

8 **Die Abbildegenauigkeit beim Biegen im 90°-V-Gesenk und ihre Beeinflussung durch Nachdrücken im Gesenk durch Nachdrücken im Gesenk**
Von Dipl.-Ing. Eckart Dannenmann. 50 Seiten Text u. 31 Seiten mit 28 Bildern u. 1 Tafel. Vergriffen

9 **Untersuchungen über den Zusammenhang zwischen Vickershärte und Vergleichsformänderung bei Kaltumformvorgängen**
Von Dipl.-Ing. Hans Wilhelm. 50 Seiten Text u. 35 Seiten mit 37 Bildern u. 2 Tafeln. Vergriffen

10 **Untersuchungen über das Abstreckziehen von zylindrischen Hohlkörpern bei Raumtemperatur**
Von Dipl.-Ing. Rolf K. Busch. 86 Seiten Text u. 92 Seiten mit 97 Bildern. Vergriffen

11 **Vorgänge beim elektromagnetischen und elektrohydraulischen Umformen von metallischen Werkstücken**
Von Dipl.-Ing. Herbert Müller. 90 Seiten Text u. 110 Seiten mit 93 Bildern u. 10 Tafeln. 22,— DM

12 **Ein Verfahren zur näherungsweisen Berechnung des Spannungs- und Formänderungszustandes beim Fließen starrplastischer Werkstoffe**
Von Dipl.-Ing. Gerhard Adler. 124 Seiten Text u. 76 Seiten mit 72 Bildern. Vergriffen

13 **Modellgesetzmäßigkeiten beim Rückwärtsfließpressen geometrisch ähnlicher Näpfe**
Von Dipl.-Ing. Dieter Kast. 101 Seiten Text u. 73 Seiten mit 60 Bildern u. 6 Tafeln. Vergriffen

14 **Untersuchungen über das Genauschneiden von Stahl und Nichteisenmetallen**
Von Dipl.-Ing. Wilfried Krämer. 96 Seiten Text u. 132 Seiten mit 128 Bildern u. 10 Tafeln. Vergriffen

15 **Entwicklung und Erprobung eines Simulators zur reproduzierbaren Nachahmung der Kraft-Weg-Verläufe von Umformvorgängen**
Von Dipl.-Ing. Kurt Schmid. 88 Seiten Text u. 38 Seiten mit 35 Bildern u. 2 Tafeln. 17,— DM

16 **Walzrichten von Metallbändern mit symmetrisch angestellter Fünf-Walzen-Richtmaschine**
Von Dipl.-Ing. Hans-Dietrich Witte. 108 Seiten Text u. 63 Seiten mit 60 Bildern u. 8 Tafeln. 22,— DM

17/18 **Erzeugung räumlicher Blechgebilde mittels Flächenbiegung**
Konstruktion, Abwicklung und Herstellung von Schraubtorsen aus Blech
Von Prof. Dr.-Ing. E. h. Dr. techn. h. c. Otto Kienzle.
120 Seiten Text u. 55 Seiten mit 86 Bildern u. 3 Tafeln. 22,— DM

19 **Einfluß der Alterung auf die mechanischen Eigenschaften von Stählen zum Kaltfließpressen**
Von Dipl.-Ing. Vladimir Hasek, CSc. 43 Seiten Text u. 54 Seiten mit 50 Bildern u. 3 Tafeln. 16,— DM

20 **Beitrag zur Frage der Spannungen, Formänderungen und Temperaturen beim axialsymmetrischen Strangpressen**
Von Dipl.-Ing. Rolf Dalheimer. 118 Seiten Text u. 76 Seiten mit 79 Bildern u. 3 Tafeln. Vergriffen

21 **Über den Einfluß der Werkzeuggeschwindigkeit auf den Stauchvorgang**
Von Dipl.-Ing. H.-J. Metzler. 127 Seiten Text u. 100 Seiten mit 94 Bildern u. 6 Tafeln. 25,— DM

22 **Numerische Behandlung von Verfahren der Umformtechnik**
Von Dr.-Ing. Elmar Steck. 67 Seiten Text u. 22 Seiten mit 43 Bildern. 16,— DM

23 **Ein Verfahren zur näherungsweisen Berechnung der Wärmeentwicklung und der Temperaturverteilung beim Kaltstauchen von Metallen**
Von Dipl.-Ing. Walther Pohl. 78 Seiten Text u. 51 Seiten mit 61 Bildern u. 4 Tafeln. 21,— DM

24 **Untersuchungen über das Drückwalzen zylindrischer Hohlkörper und Beitrag zur Berechnung der gedrückten Fläche und der Kräfte**
Von Dipl.-Ing. Hans-Jürgen Dreikandt. 161 Seiten Text u. 79 Seiten mit 73 Bildern u. 6 Tafeln. Vergriffen

25 **Über den Formänderungs- und Spannungszustand beim Ziehen von großen unregelmäßigen Blechteilen**
Von Dipl.-Ing. Vladimir Hasek, CSc. 129 Seiten Text u. 106 Seiten mit 109 Bildern u. 9 Tafeln. 35,— DM

26 **Über die Anisotropie des plastischen Verhaltens stranggepreßter Stäbe aus hexagonalen Metallen**
Von Dipl.-Ing. Günther Schröder. 129 Seiten Text u. 75 Seiten mit 97 Bildern u. 2 Tafeln. Vergriffen

27 **Die Messung der mechanischen Kontaktspannung in der Wirkfuge**
Werkzeug — Werkstück bei Umformverfahren
Von Dipl.-Ing. Fritz Dohmann. 99 Seiten Text u. 82 Seiten mit 93 Bildern u. 4 Tafeln. Vergriffen

28 **Beitrag zur rechnerunterstützten Auslegung von Pressengestellen**
Von Dipl.-Ing. Manfred Geiger. 94 Seiten u. 56 Seiten mit 63 Bildern. Vergriffen

29 **Untersuchungen über das Aufweittiefziehen**
Von P. S. Raghupathi, M. E. ISBN 3-7736-0780-6.
80 Seiten Text u. 54 Seiten mit 73 Bildern u. 2 Tafeln. 32,— DM

30 **Faltenbildung als Verfahrensgrenze beim Stauchen von Hohlkörpern**
Von Dipl.-Ing. Klaus Dieterle. ISBN 3-7736-0781-4.
55 Seiten Text u. 35 Seiten mit 43 Bildern u. 3 Tafeln. 28,— DM

31 **Beitrag zur Ermittlung von Fließkurven im kontinuierlichen hydraulischen Tiefungsversuch**
Von Dipl.-Ing. Franc Gologranc. ISBN 3-7736-0785-7.
125 Seiten Text u. 58 Seiten mit 95 Bildern u. 6 Tafeln. Vergriffen

32 **Untersuchungen an Strangpreßmatrizen**
Von Dipl.-Ing. Klaus Gieselberg. ISBN 3-7736-0786-5.
101 Seiten Text u. 56 Seiten mit 69 Bildern. 45,— DM

33 **Beitrag zur Messung der Strangoberflächentemperatur beim Strangpressen**
Von Dipl.-Ing. Karl-Heinz Friedrich. ISBN 3-7736-0787-3.
83 Seiten Text u. 90 Seiten mit 84 Bildern u. 3 Tafeln. 48,— DM

34 **Über das Umformverhalten von Blechen aus Titan und Titanlegierungen**
Von Dipl.-Ing. Hans Wilhelm. ISBN 3-7736-0788-1.
107 Seiten Text u. 69 Seiten mit 76 Bildern u. 13 Tafeln. 48,— DM

35 **Untersuchung der magnetischen Induktion, Stromdichte und Kraftwirkung bei der Magnetumformung**
Von Dipl.-Ing. Volker Schmidt. ISBN 3-7736-0789-X.
60 Seiten Text u. 53 Seiten mit 84 Bildern. 21,— DM

36 **Der Stofffluß beim kombinierten Napffließpressen**
Von Dipl.-Ing. Rolf Geiger. ISBN 3-7736-0790-3.
111 Seiten Text u. 74 Seiten mit 80 Bildern u. 6 Tafeln. Vergriffen

37 **Beitrag zum Verhalten superplastischer Werkstoffe beim Massivumformen**
Von Dipl.-Ing. Hans Schelosky. ISBN 3-7736-0791-1.
123 Seiten Text u. 61 Seiten mit 60 Bildern u. 4 Tafeln. 48,— DM

38 **Energieumsatz beim elektrohydraulischen Umformen**
Von Dipl.-Ing. Hans-Joachim Weckerle. ISBN 3-7736-0792-X.
103 Seiten Text u. 46 Seiten mit 56 Bildern. 45,— DM

39 **Elastische Wechselwirkungen an Gestell und Hauptgetriebe weggebundener Pressen**
Von Dipl.-Ing. Lutz Schemperg. ISBN 3-7736-0793-8.
91 Seiten Text u. 58 Seiten mit 65 Bildern u. 3 Tafeln. 45,— DM

40 **Über das plastische Verhalten von Sintermetallen bei Raumtemperatur**
Von Dipl.-Ing. Hartmut Höneß. ISBN 3-7736-0794-6.
84 Seiten Text u. 54 Seiten mit 67 Bildern u. 2 Tafeln. 45,— DM

41 **Untersuchungen zum Halbwarmfließpressen von Stahl**
Von Dr.-Ing. Rolf Geiger, Dipl.-Ing. Eckart Dannenmann und Dipl.-Ing. Jean Stefanakis.
ISBN 37736-0795-4. 50 Seiten Text u. 33 Seiten mit 34 Bildern u. 2 Tafeln. Vergriffen

42 **Änderung der Werkstoffeigenschaften beim Ziehen von zylindrischen Hohlkörpern aus austenitischen und ferritischen nichtrostenden Stählen**
Von Dipl.-Ing. Rolf Zeller. ISBN 3-7736-0796-2.
80 Seiten Text u. 52 Seiten mit 34 Bildern u. 2 Tafeln. 38,— DM

43 **Untersuchungen über das Fließpressen superplastischer Werkstoffe**
Von Dr.-Ing. Hans Schelosky. ISBN 3-7736-0797-0.
36 Seiten Text u. 24 Seiten mit 26 Bildern u. 1 Tafel. 30,— DM

44 **Umformende Bearbeitung in flexiblen Fertigungssystemen**
Von Dipl.-Ing. Hartmut Kaiser. ISBN 3-7736-0798-9.
87 Seiten Text u. 24 Seiten mit 47 Bildern. 36,— DM

45 **Geometrische Eigenschaften tiefgezogener kreiszylindrischer Näpfe**
Von Dipl.-Ing. Dieter Schlosser. ISBN 3-7736-0799-7.
107 Seiten Text u. 64 Seiten mit 60 Bildern u. 9 Tafeln. 48,— DM

46 **Die Eigenschaften einer AlZnMgCu-Legierung nach ausgewählten Kombinationen von Wärmebehandlung und Kaltumformung**
Von Dipl.-Ing. Karl Hankele. ISBN 3-7736-0880-2.
86 Seiten Text u. 51 Seiten mit 52 Bildern u. 4 Tafeln. 45,— DM

47 **Kaltmassivumformen von Sintermetall**
Von Dipl.-Ing. Hans Dieter Schacher. ISBN 3-7736-0881-0.
84 Seiten Text u. 44 Seiten mit 47 Bildern u. 5 Tafeln. 42,— DM

48 **Rechnerunterstützte Arbeitsplanerstellung und Kostenrechnung beim Kaltmassivumformen von Stahl**
Von Dipl.-Ing. Peter Noack. ISBN 3-7736-0882-9.
216 Seiten Text u. 116 Seiten mit 134 Bildern u. 23 Tafeln. 65,— DM

49 **Beitrag zur beanspruchungsgerechten Auslegung von rotationssymmetrischen Fließpreßmatrizen**
Von Dipl.-Ing. Günther Krämer. ISBN 3-7736-0883-7.
94 Seiten Text u. 53 Seiten mit 56 Bildern. 48,— DM

50 **Erzeugung gratfreier Schnittflächen durch Aufteilen des Schneidvorgangs (Konterschneiden)**
Von Dipl.-Ing. Heinz Liebing. ISBN 3-7736-0884-5.
87 Seiten Text u. 51 Seiten mit 55 Bildern u. 4 Tafeln. 46,— DM

Die Berichte 1 bis 28 sind zu beziehen durch das Institut für Umformtechnik, Holzgartenstr. 17, 7000 Stuttgart 1
Die Berichte 29 bis 50 sind zu beziehen durch den Verlag W. Girardet, Postfach 9, 4300 Essen

51 **Berechnung der elastischen Eigenschaften von Baugruppen im Pressenbau**
Von Dipl.-Ing. Herbert Blum. ISBN 3-540-09804-6.
151 Seiten mit 55 Abbildungen. 48,— DM

52 **Untersuchung der Verfahrensgrenzen beim 180°-Biegen von Fein- und Mittelblechen**
Von Dipl.-Phys. Wolfgang Schaub. ISBN 3-540-09881-X.
65 Seiten mit 24 Abbildungen. 38,— DM

53 **Abstreckgleitziehen von nichtrostenden austenitischen Stählen**
Von Dipl.-Ing. Jobst-H. Kerspe. ISBN 3-540-09882-8.
109 Seiten mit 36 Abbildungen. 43,— DM

54 **Fließpressen von Stahl im Temperaturbereich 773 K (500° C) bis 1073 K (800° C)**
Von Dipl.-Ing. Ulrich Diether.
165 Seiten mit 80 Abbildungen. 48,— DM

GPSR Compliance

The European Union's (EU) General Product Safety Regulation (GPSR) is a set of rules that requires consumer products to be safe and our obligations to ensure this.

If you have any concerns about our products, you can contact us on ProductSafety@springernature.com

In case Publisher is established outside the EU, the EU authorized representative is:

Springer Nature Customer Service Center GmbH
Europaplatz 3
69115 Heidelberg, Germany

Batch number: 10682421

Printed by Printforce, the Netherlands